ISBN-13: 978-1533511324

ISBN-10: 1533511322

MANUAL de INSTALACIONES de AGUA

Proyectos, cálculos y diseños

Miguel D'Addario

Comunidad Europea
2016

ÍNDICE GENERAL

INSTALACIONES DE AGUA

MANUAL DE INSTALACIONES DE AGUA

INTRODUCCIÓN A LAS INSTALACIONES DE AGUA

INTRODUCCIÓN

Este libro se ha redactado como libro de texto y consulta para los alumnos del módulo de **Instalaciones de agua.**

En todo el libro se ha pretendido eliminar el exceso de terminología científica, a favor de la comprensión por personas cuya principal capacidad es la manual y de aplicación de las técnicas. No se aportan demostraciones matemáticas ni se profundiza en las teorías físicas de los procesos. Por el contrario, se dan muchos valores habituales y orientativos referidos a las instalaciones actuales.

Se dan por sabidas las habilidades ya impartidas en primer curso, referidas a técnicas de mecanizado de tuberías, uniones, soldadura, etc.

El diseño de las instalaciones se basará en el nuevo Código Técnico de la Edificación, que sustituye a las Normas básicas para las instalaciones interiores de suministro de agua, vigente hasta la fecha.

PROPIEDADES DE LOS FLUIDOS

Repasaremos las propiedades de los fluidos aplicadas a los líquidos.

Los fluidos pueden ser:

- Comprensibles, como los gases.
- Incompresibles, como los líquidos.

HIDROESTÁTICA

Es la parte de la física que estudia los líquidos en estado de reposo.

Presión:

La presión es la relación entre una fuerza y la superficie de aplicación de la misma.

Presión = Fuerza / Superficie

El concepto de presión es muy importante en agua, y las unidades son muy variadas, pero utilizaremos normalmente las siguientes:

- Pascal = 1 Newton / metro cuadrado. Símbolo Pa.

- Kp/cm^2 (o kg/cm^2) = Kilopondio / centímetro cuadrado.

- Metro de columna de agua m.c.a.

- Milímetro de columna de agua mm.c.a.

- Milímetros de mercurio mm.hg.

- Bar y milibar = 0,001 Bar.

En la práctica habitual, para cuando no se necesita mucha precisión, es muy corriente realizar la simplificación siguiente:

$1 kp/cm^2$ = 1 Atmósfera = 1 bar = 100 kPa

$1 kg/cm^2$ = 10 m.c.a

En la tabla siguiente se pueden encontrar las equivalencias exactas entre las unidades de presión mencionadas.

	KPa	Kg/cm²	m.c.a	Psi	mm.hg	Atm
Kpa	——	0,0102	0,00102	0,149	7,36	0,00987
kg/cm²	102	——	10	14,7	736	0,968
m.c.a	98,1	0,1	——	1,49	73,6	0,0968
PSI	6,8	0,068	0,68	——	50	14,7
mm.hg	0,133	0,00136	0,00136	0,0199	——	760
Atm	101,3	1,033	10,33	15,18	736	——

El aparato que mide la presión se denomina **Manómetro**, y suele ser una esfera parecida a los termómetros. Tiene un tubo muy fino que conecta con el recipiente cuya presión queremos medir. La presión empuja y deforma un fuelle metálico, que está conectado con la aguja indicadora.

El agua contenida en un recipiente provoca una presión sobre sus paredes proporcional a la altura de la columna de líquido.

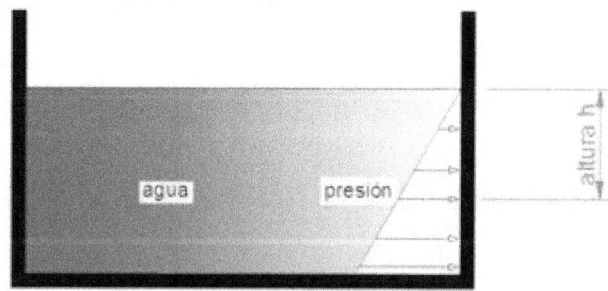

A mayor profundidad mayor presión.

La fórmula es $P = H \times \delta$

Siendo

P = presión en Pa

H = altura en metros.

δ = peso específico del agua = N/m^3 = 9.800

Ejemplo: Calcula la fuerza que produce el agua sobre el fondo de una balsa de 2 x 2 m y 6 m de altura, cuando está llena.

Presión = Fuerza / superficie; Fuerza = Presión x Superficie

Superficie = 2 x 2 = 4 m^2

Presión = $H \times \delta$ = 6 x 9800 = 58.800 Pa

Fuerza = $P \times S$ = 58.800 x 4 = 235.200 Newton = 24 Tm.

HIDRODINÁMICA

Es la parte de la física que estudia los líquidos en movimiento.

Caudal:

El caudal nos indica el volumen de un fluido que circula por unidad de tiempo, es decir la cantidad de líquido o de gas que está pasando por un conducto o tubería.

Vemos que es la relación entre un volumen y el tiempo:

Caudal = Volumen / tiempo

El caudal de un líquido o gas se mide normalmente en Litros por segundo (L/s), o metros cúbicos por hora (m^3/h).

Muchas veces no conocemos el volumen, pero sí sabemos la velocidad del fluido y la sección (área) del conducto, y entonces podemos calcular el caudal mediante la fórmula:

Caudal = Sección interior x Velocidad del fluido

La sección de un conducto es su área o superficie interior, perpendicular al sentido de circulación, que medimos en m^2 ó cm^2.

Recordemos que para pasar de cm^2 a m^2 debemos de dividir por 10000.

Hay que tener cuidado con las unidades:

Q (m^3/s) = V (m/s) x S (m^2) y también

Q (m^3/h) = V (m/s) x S (m^2) x 3.600

Para pasar de L/s a m/h se utiliza:

Q (m³/h) = L/s x 3600 / 1000

1 L/s = 3,6 m³/h

Para medir el caudal se utilizan aparatos denominados **caudalímetros**. El contador de agua y gas de nuestra vivienda es un caudalímetro, ya que nos indica el volumen de agua o gas que hemos consumido en un periodo de tiempo.

Si la sección disminuye, para un mismo caudal, la velocidad aumenta.

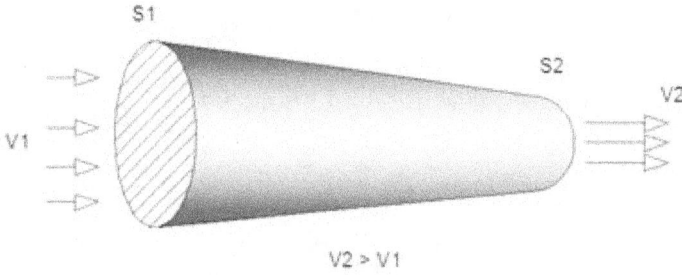

Teorema de Bernuilli:

En una conducción con agua en movimiento, el fluido en un punto cualquiera tiene tres energías:

- Energía de presión, debida al nivel de agua sobre ese punto.

- Energía de potencial, debida a la altura de ese punto.

- Energía de velocidad, debida a la inercia del fluido.

En la conducción de la figura se cumple:

$Z = Z1 + H1 + V^2/2g$

Flujo por canales abiertos:

El agua al circular por canales abiertos se estabiliza a una determinada velocidad, y fluye debido a la pendiente. A mayor pendiente, mayor velocidad.

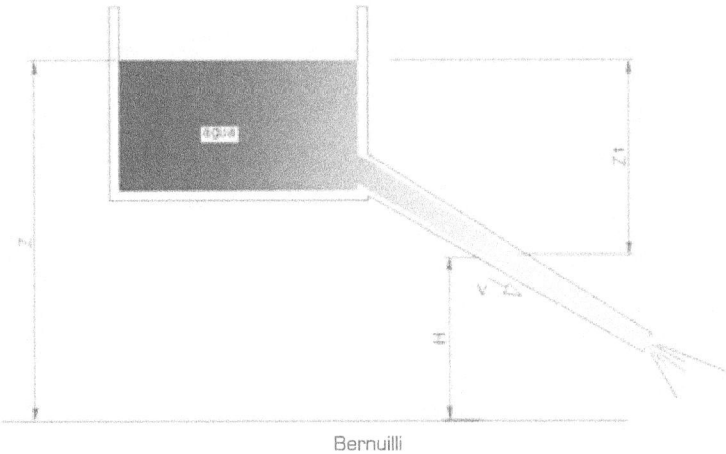

Bernuilli

La velocidad también depende del estado de las paredes, si son más o menos rugosas.

Para calcular el flujo de agua en canales se utiliza entre otras la fórmula de Manning – Strickler.

$$Q = S \cdot R^{2/3} \cdot J^{1/2} \cdot K$$

Siendo:

Q = Caudal m³/s.

S = Sección interior en m²

R = radio hidráulico. Relación entre sección y perímetro mojado.

J = pendiente de la tubería en m/m

K = Coeficiente de Manning, que depende de las paredes.

Paredes	K
Tierra Lisa	45
Tierra irregular	35
Tierra con vegetación	25
Roca	35
Hormigón proyectado	50
Tubo corrugado	45
PVC	110
Tubo de hormigón liso	90

Ejemplo: ¿Qué caudal máximo pasa por un canal de 0,3 x 0,3 m de hormigón, con una pendiente del 1%?

Sección: 0,3 x 0,3 = 0,0 m²; Perímetro mojado 0,3+0,3+0,3 = 1,2 m

Radio hidráulico: 0,09 / 1,2 = 0,075

K = 50

$Q = S \times R^{2/3} \times J^{1/2} \times K$

$Q = 0,09 \times 0,075^{2/3} \times 0,01^{1/2} \times 50 = 0,029 \ m^3/s = 29 \ L/s$

También puede resolverse mediante un Nomograma como el de la figura.

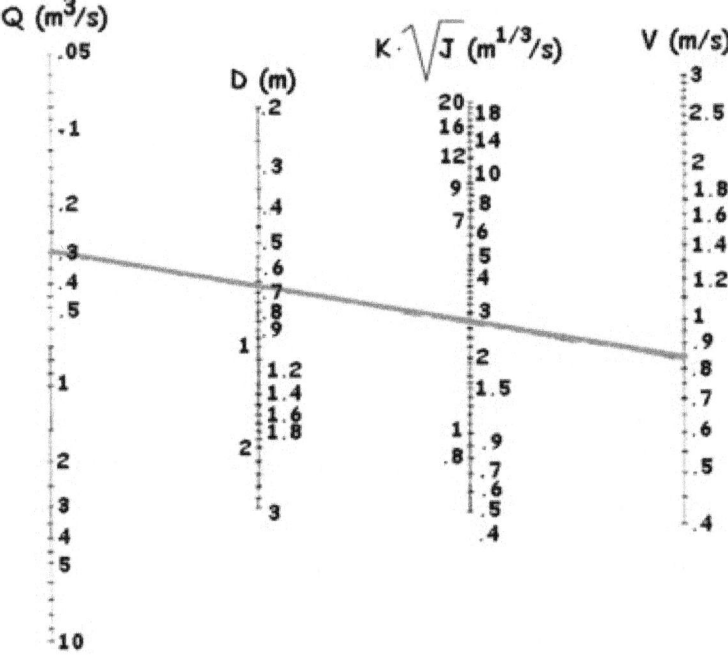

Ábaco tuberías pérdida de carga en canales

Pérdida de carga en tuberías a presión agua:

El agua en canales abiertos sólo circula en sentido descendente, por la gravedad, pero en tuberías cerradas puede fluir en sentido ascendente, debido a la presión.

El agua al circular por las tuberías sufre un roce con las paredes que le provoca una pérdida de presión o "carga".

Este apartado lo estudiaremos en la Unidad 3, siendo función de la velocidad y la rugosidad interior de la tubería.

Salida de agua por orificios:

El agua al salir por un orifico adquiere una velocidad que depende del nivel de agua sobre dicho orificio:

$$V = \sqrt{2\,g\,h}$$

Siendo h la altura de líquido.

Ejemplo: ¿A que velocidad sale el agua por un orificio de que está a 2 m bajo el nivel?.

$$V = \sqrt{(2 \times 9,8 \times 2)} = 6,2 \text{ m/s}$$

BOMBA HIDRÁULICAS

Las bombas hidráulicas son máquinas que transforman una energía mecánica suministrada por un motor, en energía hidráulica, en forma de presión.

Los tipos más comuncs dc bombas hidráulicas con:

* Bombas centrífugas.

* Bombas rotativas.

Las partes de una bomba centrífuga son:

* Conducto de entrada de agua o aspiración.

* Rodete.

* Cámara espiral o caracol.

* Conducto de salida.

La bomba toma un caudal de líquido por la aspiración, en el rodete le imprime una energía cinética en forma de velocidad rotacional, en el caracol se canaliza el caudal hacia la salida, convirtiéndose gran parte de la velocidad en presión, y sale por el conducto de descarga.

Los parámetros que definen una bomba son:

- Caudal.

- Altura de aspiración.

- Altura de impulsión.

- Altura geométrica total: suma de alturas de aspiración e impulsión.

- Potencia del motor.

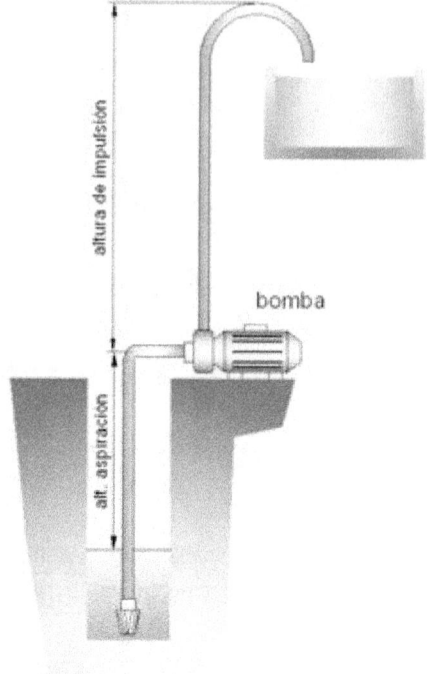

La altura de aspiración está limitada en todas las bombas, pues en esta tubería el agua sube por la presión atmosférica, que es de 1 bar equivalente a 10 m.c.a, pero las pérdidas en la tubería lo limitan a 6,5 a 7 m. Si la altura es mayor, el agua forma vapor y la bomba no puede aspirarla.

La altura de impulsión depende de la bomba, de 1 a 1000 m. Como una bomba puede tener varios rodetes colocados en serie, la altura disponible se va sumando, alcanzando grandes alturas.

La potencia del motor se calcula con la fórmula:

$$P = g \times Q \times H / \eta$$

Siendo:

P = potencia en W.

g = acerleración de la gravedad = 9,81.

Q = Caudal en L/s.

H = Altura total en m (geométrica + pérdidas en tubería).

η = Rendimiento de la bomba (0,5 – 0,7).

Cavitación de bombas:

Si la bomba espira un tramo demasiado largo o alto, el líquido, al estar en depresión, puede formar burbujas de vapor llamadas cavidades. Estas cavidades al llegar a la bomba, como la presión se invierte, implosionan, es decir se contraen y desaparecen provocando una onda de choque.

Estas implosiones se oyen desde el exterior como si la bomba tuviese perdigones agitándose dentro, y se le llama **cavitación**.

La cavitación provoca un rápido desgaste de los elementos de la bomba, como el rodete y el caracol.

Para evitar la cavitación podemos disminuir la altura de aspiración, o poner una tubería más grande, o con menos accesorios.

Tipos de bombas:

Las bombas se fabrican de numerosos tipos y modelos, dependiendo de su uso, las principales en instalaciones de agua son:

- Bombas horizontales o normalizadas.

- Bombas verticales.

- Bombas sumergidas.

- Bombas para aguas turbias o residuales.

- Bombas autoaspirantes.

Golpe de ariete:

El golpe de ariete es un fenómeno que se produce en las tuberías donde circula agua, siempre que hay un cambio de caudal brusco, sobre todo al arrancar, parar o cerrar una llave de golpe.

Se produce una onda de sobrepresión, que puede alcanzar valores tan altos, que pueden provocar roturas en la tubería.

Al cerrar una llave de golpe se oye como un martillazo, que se propaga por la tubería, y que la recorre como una onda que va y vuelve, como el eco, hasta que se apaga.

Para evitar el golpe de ariete en arranques de bombas, podemos realizar un arranque a baja velocidad, o cerrando la llave de paso y abriéndola despacio tras el arranque.

Para evitar el golpe de ariete al parar la bomba, podemos:

- Instalar calderines con aire a presión, que amortigüen la onda.

- Instalar varias válvulas de retención, para cortar la tubería en tramos menores.

El golpe de ariete lo provoca la inercia del líquido, cuya masa total en movimiento depende de:

- La velocidad del fluido en la tubería.

- La longitud de la tubería.

INSTALACIONES DE AGUA

ABASTECIMIENTO Y SANEAMIENTO DE AGUAS

ÍNDICE

INTRODUCCIÓN

El agua es fuente de vida, y los seres vivos la necesitan para su supervivencia. El ciclo de agua que estudiamos comprende la evaporación del mar, la lluvia, la escorrentía y su vuelta al mar donde se inicia de nuevo el ciclo.

Las personas necesitan continuamente del agua para su alimentación, aseo, limpieza, etc. Por ello las ciudades se construyeron desde la antigüedad al borde de ríos, lagos o junto a fuentes que garantizasen su suministro.

Con el descubrimiento de la agricultura, la demanda de agua se hizo mayor, para riego de los campos que proporcionaban el alimento. Las industrias también precisan de agua para numerosos procesos. También se precisa para el ocio, piscinas, jardines, etc.

Las ciudades se fueron dotando de un sistema de suministro de agua mediante fuentes, a las que iba la gente a servirse. También se construyeron lavaderos públicos para la colada, y baños para el aseo personal.

En el último siglo todas las poblaciones se dotaron de un sistema de abastecimiento de agua hasta el interior de las viviendas, de esta forma ya no fue necesario ir a la fuente a por agua, ni verter aguas sucias a la calle.

El abastecimiento de agua a las poblaciones permitió reducir las enfermedades y plagas que azotaron a la humanidad desde su existencia. La desinfección del agua por cloración redujo la mortalidad infantil y eliminó el cólera y otras enfermedades que diezmaban a la población de las ciudades. La mejora de la higiene propiciada por el agua duplicó la esperanza de vida en el último siglo.

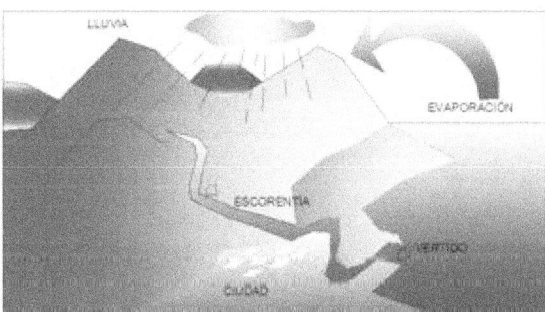
Ciclo del agua

Por ello debemos apreciar algo que ya nos parece natural, como es abrir un grifo, y que salga agua potable, pues tras esa acción hay una serie compleja de instalaciones y personas, que la hacen posible las 24 horas del día, y los 365 días del año.

1. CARACTERÍSTICAS DEL AGUA POTABLE. NORMATIVA

Por agua POTABLE se entiende el agua que cumple con unos parámetros de calidad que la hacen apta para el consumo humano.

Las características de agua potable están definidas en el Real Decreto 1138/1990, de 14 de septiembre, por el que se aprueba la reglamentación técnico–sanitaria para el abastecimiento y control de calidad de las aguas potables de consumo público

Legislación Autonómica: Reglamento Técnico Sanitaria para el abastecimiento de aguas Decreto 111/1992, de la Consejería de Medio Ambiente.

La Normativa obliga a los servicios de abastecimiento de aguas a realizar análisis diarios de las características del agua, para comprobar que están dentro de los parámetros establecidos.

1.1. Parámetros físicos

En el Anexo 3 del RD 1138/1990 las características del agua potable:

Organolépticas: sabor, olor, color.

Físicas: temperatura, turbidez, conductividad, acidez, dureza total.

1.2. Parámetros químicos

El agua no debe presentar valores altos de:

Partículas disueltas de: sulfatos, CO_2, iones, sílice, calcio, magnesio, aluminio, potasio, oxígeno disuelto.

Sustancias no deseables: nitratos, nitritos, metales.

Contaminantes: cianuros, plomo, plaguicidas, hidrocarburos…

Contaminantes biológicos: coniformes fecales, estreptococos, gérmenes…

1.3. Tipos de abastecimiento

El proceso de poner el agua a disposición de los ciudadanos se denomina ABASTECIMIENTO, y comprende la captación, almacenamiento y distribución.

El abastecimiento se puede destinar a:

- Uso doméstico (viviendas, hoteles, locales públicos…).
- Uso público (limpieza de calles, riego de jardines).

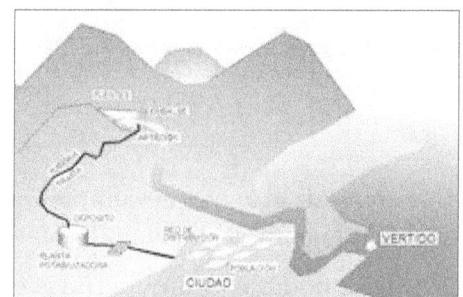
Abastecimiento de a pueblo

- Lucha contra–incendios. Bocas de incendio.
- Uso de recreo (piscinas, lagos fuentes).

1.4. Limpieza y desinfección. Filtración. Clarificación. Cloración

Las aguas, para ser potables, tienen que pasar por varios tratamientos, dependiendo de la calidad de la captación.

Estos tratamientos se realizan en las PLANTAS POTABILIZADORAS, y consisten en:

Decantación:

El agua pasa a unas balsas donde su velocidad se reduce, y las partículas más gruesas se depositan en el fondo por gravedad.

Filtración:

El agua se pasa por unos recipientes llenos de arena, la cual retiene las partículas flotantes. Periódicamente el filtro se limpia invirtiendo el sentido del caudal (lavado a contracorriente).

Clarificación:

El agua filtrada sigue teniendo partículas en suspensión, que se tratan mediante la adición de un coagulante (sales de aluminio), que hacen que se formen flóculos o pegotes de mayor tamaño, y que caen al fondo por gravedad.

Cloración:

En muchos casos con este sistema es suficiente, y consiste en desinfectar el agua mediante la disolución de Hipoclorito sódico (lejía). El cloro se disocia y mata todos los gérmenes existentes en el agua. Posteriormente se evapora y casi no deja residuos.

El proceso de convertir el agua captada en agua potable se denomina

Potabilización, y se realiza en plantas donde se filtra, clarifica, desinfecta, etc.

Si el agua es pura, simplemente se precisa una desinfección para eliminar los posibles microorganismos.

2. FUENTES DEL ABASTECIMIENTO

El agua que precisan las ciudades y campos se toma en un proceso que denominamos **captación**, y que puede ser desde:

Ríos y lagos

Embalses.

Fuentes.

Pozos.

El agua que precisan las ciudades y campos se toma en un proceso que denominamos **captación**.

Dependiendo de donde se capte, el agua puede tener mayor o mayor calidad, y puede precisar otros procesos para prepararla antes de su uso.

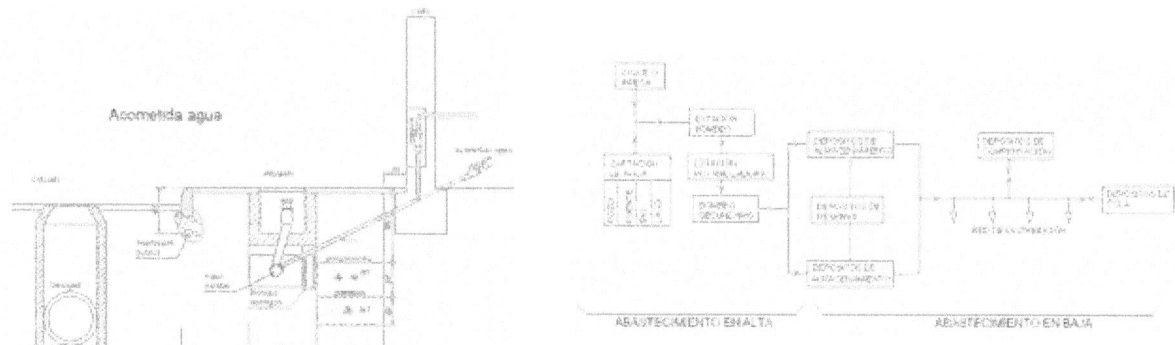

Diagrama Abastecimiento

Las mejores aguas provienen de fuentes y pozos. De peor calidad son las de ríos, lagos y embalses.

Los pozos son instalaciones que extraen agua del subsuelo o acuífero, mediante bombas sumergidas.

3. CONDUCCIONES EN ALTA

Se denomina instalación en alta a la parte de abastecimiento desde la captación hasta el depósito de la población. Del depósito en adelante se denomina abastecimiento en BAJA o distribución.

3.1. Conducciones de traída

Son conducciones de agua de muchos kilómetros que unen el embalse o pozo, con la población.

Estas conducciones pueden ser abiertas en canal, o cerradas en tubería, y pueden discurrir de una cota alta a una baja (por gravedad), o ser elevadas mediante ESTACIONES DE BOMBEO.

Son tuberías que tienen que salvar accidentes del terreno, como barrancos o montes, mediante los acueductos o sifones.

Los acueductos salvan un barranco elevando la tubería sobre soportes, como en un puente.

En los sifones la tubería baja al fondo del barranco y vuelve a subir por su propia presión.

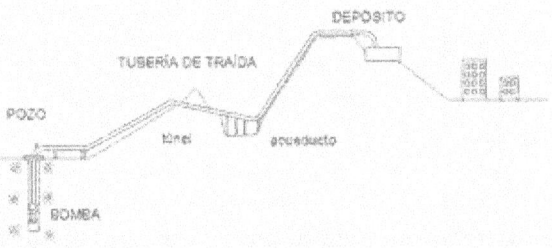

Las tuberías de traída suelen funcionar a caudal continuo ajustado a la demanda media de la población. También pueden estar telemandadas vía radio, de forma que se ajusten al consumo medio del día.

Elevaciones:

Son instalaciones para elevar el agua desde una cota a otra más alta, a base de imprimir presión a la tubería.

Se precisan varias bombas funcionando en paralelo, con una balsa de toma, una **tubería de impulsión** y válvulas de regulación.

También se denominan **estaciones de bombeo**.

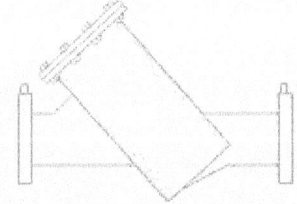

3.2. Estaciones potabilizadoras

Las estaciones potabilizadoras se encargan de convertir agua en bruto en potable, mediante una serie de tratamientos que hemos descrito.

Están formadas por varias balsas en serie, en las que se van aplicando los procesos requeridos.

4. DEPÓSITOS DE ABASTECIMIENTO

Los depósitos en el abastecimiento son grandes balsas que almacenan un volumen de agua, y que sirven para:

- Mantener la presión de la red constante.

- Absorber las puntas altas de consumo.

- Garantizar una reserva en caso de averías en la captación o en las tuberías de traída.

- Garantizar una reserva de agua para la lucha contra–incendios.

Los depósitos dan seguridad al abastecimiento, y se dimensionan para garantizar el consumo de un día entero.

Los depósitos se sitúan a una COTA superior a la de los usuarios, para que el agua se distribuya por gravedad, con una presión adecuada.

Es muy normal ver depósitos en los montes antes de las poblaciones, o depósitos elevados sobre pilares en zonas llanas.

El depósito debe realizarse a una cota que permita que el agua llegue hasta vivienda ordinaria más elevada, con una presión mínima de 15 m, pero en las calles no debe de sobrepasar los 40 m.

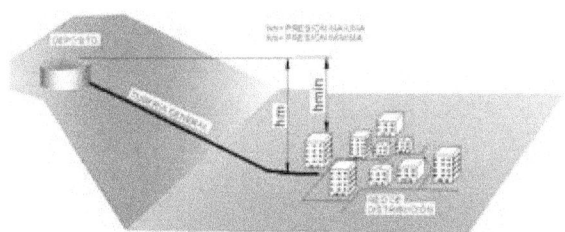

Actualmente, mediante los grupos de bombeo, no hace falta hacer los depósitos elevados, ya que la presión la puede proporcionar un grupo de bombas.

El depósito se calcula para el consumo de un día, más una reserva de 50 m³ para los servicios de lucha contra–incendios.

Si registramos el consumo de agua en cada hora del día, aparece una gráfica como la siguiente:

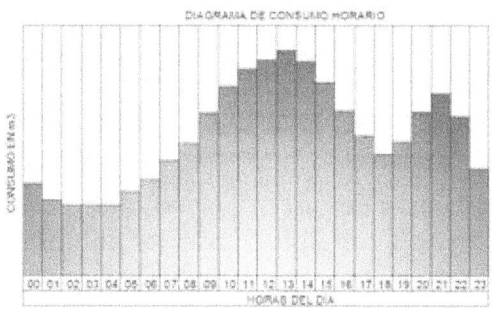

Hay unas horas del día en que la demanda de agua tiene unas puntas muy altas. La línea de media es la resultante de dividir todo el consumo por 24 horas.

El depósito de abastecimiento debe ser capaz de almacenar el pico sobre la media en las horas de mayor consumo.

5. REDES DE DISTRIBUCIÓN. CONDUCCIONES GENERALES Y SECUNDARIAS. TUBERÍAS DE DISTRIBUCIÓN

Las redes de distribución discurren por las calles, y son las encargadas de llevar el agua desde los depósitos hasta los puntos de suministro.

Las redes finalizan en las tuberías de distribución, que discurre por la calle, y sobre la que parten las tomas a las viviendas.

Estas tuberías son de 90 mm mínimo, y el material suele ser fundición o Polietileno.

Discurren por las aceras, a una profundidad de 40 a 60 cm, y en las esquinas se montan llaves de corte para poder aislar la calle en caso de averías o realizar tomas.

Para el cálculo de las redes de abastecimiento debemos estimar el consumo medio de los usuarios, en base a datos estadísticos de poblaciones similares.

Se pueden tomar los de datos de la tabla siguiente:

Tabla 4.6 Número de sumideros en función de la superficie de cubierta

Superficie de cubierta en proyección horizontal (m²)	Número de sumideros
S < 100	2
100 ≤ S < 200	3
200 ≤ S < 500	4
S > 500	1 cada 150 m²

Tabla 4.7 Diámetro del canalón para un régimen pluviométrico de 100 mm/h

Máxima superficie de cubierta en proyección horizontal (m²)				Diámetro nominal del canalón (mm)
Pendiente del canalón				
0.5 %	1 %	2 %	4 %	
35	45	65	95	100
60	80	115	165	125
90	125	175	255	150
185	260	370	520	200
335	475	670	930	250

Tabla 4.8 Diámetro de las bajantes de aguas pluviales para un régimen pluviométrico de 100 mm/h

Superficie en proyección horizontal servida (m²)	Diámetro nominal de la bajante (mm)
65	50
113	63
177	75
318	90
580	110
805	125
1.544	160
2.700	200

Tabla 4.9 Diámetro de los colectores de aguas pluviales para un régimen pluviométrico de 100 mm/h

Superficie proyectada (m²)			Diámetro nominal del colector (mm)
Pendiente del colector			
1 %	2 %	4 %	
125	178	253	90
229	323	458	110
310	440	620	125
614	862	1.228	160
1.070	1.510	2.140	200
1.920	2.710	3.850	250
2.010	4.350	6.500	315

Ejemplo: calcula el consumo diario de agua de una urbanización con 100 viviendas unifamiliares, un centro docente de 300 alumnos, dos restaurantes de 200 personas y unos 10.000 m² de jardines.

Solución:

100 viviendas. 4 personas/vivienda . 200 L/día =   80.000 L/día

Centro docente 100 alumnos . 75 =   7.500 L/día

Restaurantes 2 . 100 . 20 =   4.000 L/día.

Zonas exteriores: 10.000 . 3 =   30.000 L/día

Suma =   **121.500 L/día**

Equivalente a 121 m³/día.

5.1. Tipos de redes. Ramificadas. Malladas

Las redes de distribución pueden ser RAMIFICADAS o MALLADAS.

Redes ramificadas:

Son redes que partiendo del depósito, se van dividiendo en ramas cada vez más pequeñas, hasta cubrir todos los puntos de consumo.

Ventajas: son más baratas, siempre se sabe hacia donde va el agua. Se pueden aislar grandes sectores cortando una llave. Las fugas son fáciles de detectar.

Inconvenientes: el agua puede quedar estancada en puntos finales con poco consumo. En caso de avería grandes zonas pueden quedar sin suministro.

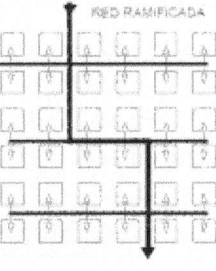

Redes malladas:

Son redes con las tuberías comunicadas formando anillos.

Ventajas: hay más seguridad en caso de rotura. Puede aislarse un tramo y el resto seguir funcionando. El agua no esta nunca estancada.

Inconvenientes: las fugas son más difíciles de detectar, al no saber la dirección del agua. Son más caras.

La tendencia actual es realizar en las ciudades siempre redes malladas, y en las zonas diseminadas redes ramificadas.

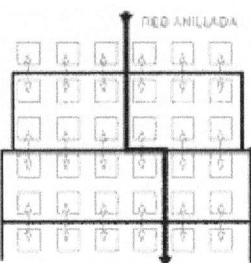

6. SERVICIOS DE ABASTECIMIENTO. LIMPIEZA, INCENDIOS, RIEGO

Aparte de las tomas de agua para las viviendas, las redes de distribución también se instalan con:

Bocas de riego y limpieza: son salidas de agua con una llave y una pieza final para enganchar mangueras de riego. Se instalan en el interior de una arqueta bajo el suelo. La toma es de 40 u 80 mm, aunque cada ayuntamiento tiene normas propias.

Hidrantes de incendios: son tomas para los bomberos, de gran diámetro y caudal. Pueden estar bajo arquetas, o más modernamente, de tipo poste con varias tomas. Tienen una llave de cuadradillo, y tomas para manguera de bombero de 80 mm.

Hidrante incendios

Fuentes públicas: son surtidores para beber los transeúntes. Se instalan en plazas, parques y zonas con mucho tránsito.

Fuentes ornamentales: son fuentes con surtidores o cascadas, que se mantienen con agua, en circuito cerrado, pero que llenan para compensar su evaporación.

7. INSTALACIONES DE SANEAMIENTO

El saneamiento tiene la función de recoger las aguas usadas, y apartarlas de los usuarios hasta un punto de vertido que garantice la salubridad.

Es una instalación fundamental en las ciudades, viviendas e industrias, por sanidad.

El saneamiento comprende la recogida de

- Las aguas **fecales** provenientes de las viviendas e industrias.
- Las aguas **pluviales** o de lluvia.

Ambas se llaman también aguas residuales.

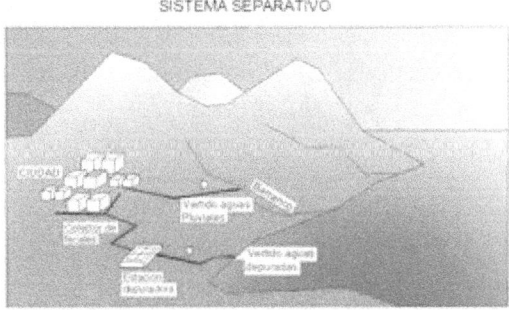

SISTEMA SEPARATIVO

La composición de las aguas fecales depende de donde provengan, pero en el caso de las de origen doméstico, simplemente llevan disueltos materia orgánica y jabones. Las de origen industrial pueden llevar grasas y disolventes.

Las aguas fecales si se estancan en algún punto de la red fermentan y emiten gases malolientes y gas metano.

Las aguas pluviales se vierten a barrancos o ríos sin ningún tratamiento.

7.1. Sistemas unitarios y separativos. Fecales y Pluviales

Si las aguas fecales las llevamos a una depuradora, podemos eliminar gran parte de su materia orgánica y ya podemos verterlas a un cauce, o reutilizarlas para riego.

Pero las aguas pluviales precisan, como veremos más delante, de grandes tuberías que absorban las lluvias fuertes, y si las juntamos con las aguas fecales, podemos hacer desbordar las tuberías y depuradoras en caso de torrentes. Por ello siempre es mejor conducir ambas aguas por separado.

Si las aguas fecales y pluviales se llevan juntas, a las redes de saneamiento se les llama **unitarias o mixtas**.

Si las aguas fecales y pluviales se llevan separadas, a las redes de saneamiento se les llama **separativas**.

Las redes modernas son siempre de tipo separativo.

SISTEMA SEPARATIVO

7.2. Materiales

Los materiales para las redes de saneamientos tienen que soportar la agresividad de las aguas y sus contaminantes.

Los más usados son:

- Hormigón: se usan sobre todo para las calles, en diámetros de 200 m en adelante; son económicas y duraderas.

- Fundición: son muy resistentes y duraderas. Por el interior están revestidas de cemento.

- Plásticos: son muy ligeras, y resisten todas las aguas. Muy usadas en instalaciones interiores y viviendas.

- Gres: son inalterables, pero algo frágiles.

Las uniones en las tuberías pueden ser mediante:

- Enchufe y cordón: es un aro de mortero. No es muy adecuado.

- Enchufe elástico: con una junta de caucho a presión.

- Pegado: En caso de PVC.

- Termofusión: en caso de PE.

- Bridas: atornilladas con junta de goma.

7.3. Conexión interior. Sifones. Sumideros

Los aparatos sanitarios se conectan a las tuberías de desagüe con los diámetros siguientes:

Aparato	Diámetro Desagüe mm
Lavabo	40
Bidé	40
Inodoro	110
Ducha	50
Bañera	50
Fregadero	40
Lavadero	40
Bote sifónico a bajante	50

Sifones:

Todos los aparatos deben llevar un sifón en la tubería de desagüe, para evitar que salgan olores por el mismo. El sifón esta lleno de agua, y realiza un cierre hidráulico.

En los aseos es frecuente agrupar varios aparatos en un bote sifónico, el cual incorpora un cierre por sifón para todos. Se coloca empotrado en el suelo.

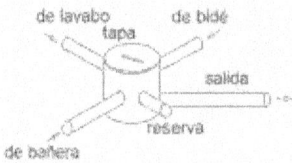

Sumideros:

Se instalan en el suelo para recoger vertidos de agua accidentales o en caso de limpieza.

Constan de una cazoleta con sifón, y rejilla superior.

Los hay de varios tamaños, y para uso en interior y exterior.

Se usan también para recoger aguas pluviales, y hay que dimensionarlos en función de la superficie de terreno cuya agua captan.

Se utiliza la fórmula siguiente:

$$Q = S \cdot I \cdot C$$

Siendo:

Q = caudal máximo en L/h

S = superficie de la terraza en m².

I = Intensidad de lluvia máxima. Se toma de mapas, pero podemos adoptar 100 l/h.

C = Coeficiente de escorrentía:

    C = 1 suelos pavimentados.

    C = 0,8 tierra.

    C = 0,3 jardines.

En el CTE–HS5 salubridad, se dan unas tablas para calcular los diámetros de canalones, bajantes y colectores de aguas pluviales, para una intensidad de lluvia de 100 mm/h.

Tabla 4.6 Número de sumideros en función de la superficie de cubierta

Superficie de cubierta en proyección horizontal (m²)	Número de sumideros
S < 100	2
100 ≤ S < 200	3
200 ≤ S < 500	4
S > 500	1 cada 150 m²

Tabla 4.7 Diámetro del canalón para un régimen pluviométrico de 100 mm/h

Máxima superficie de cubierta en proyección horizontal (m²)				Diámetro nominal del canalón (mm)
Pendiente del canalón				
0.5 %	1 %	2 %	4 %	
35	45	65	95	100
60	80	115	165	125
90	125	175	255	150
185	260	370	520	200
335	475	670	930	250

Tabla 4.9 Diámetro de los colectores de aguas pluviales para un régimen pluviométrico de 100 mm/h

Superficie proyectada (m²)			Diámetro nominal del colector (mm)
Pendiente del colector			
1 %	2 %	4 %	
125	178	253	90
229	323	458	110
310	440	620	125
614	862	1.228	160
1.070	1.510	2.140	200
1.920	2.710	3.850	250
2.016	4.589	6.500	315

Tabla 4.8 Diámetro de las bajantes de aguas pluviales para un régimen pluviométrico de 100 mm/h

Superficie en proyección horizontal servida (m²)	Diámetro nominal de la bajante (mm)
65	50
113	63
177	75
318	90
580	110
805	125
1.544	160
2.700	200

Tabla 4.9 Diámetro de los colectores de aguas pluviales para un régimen pluviométrico de 100 mm/h

Superficie proyectada (m²)			Diámetro nominal del colector (mm)
Pendiente del colector			
1 %	2 %	4 %	
125	178	253	90
229	323	458	110
310	440	620	125
614	862	1.228	160
1.070	1.510	2.140	200
1.920	2.710	3.850	250
2.016	4.589	6.500	315

Ejemplo: Cubierta de 450 m²:

Con tabla 4.6; resultan necesarios 4 sumideros.

Sup/canalón = 450/4 = 112 m

Canalón: con pendiente 2% resulta para 112m = 125 mm diámetro.

Bajante: si toma 2 canalones; S = 112 . 2 = 224 m2; resulta de 90 mm.

Colector : para 450 m con pendiente 2% resulta de 160 mm.

7.4. Bajantes. Colectores. Ventilaciones

Las tuberías de desagüe de cada cuarto húmedo, son recogidas por una tubería vertical que llamamos **bajante**.

Las bajantes son normalmente de PVC, realizadas con junta por enchufe elástico (para que puedan dilatar) o pegado.

Su diámetro mínimo es:

- Cocinas: 90 mm.

- Aseos y baños: 110 mm.

Es recomendable separar las bajantes de los baños y aseos con inodoro de las de las cocinas y terrazas, para evitar que la descarga del inodoro les haga fluctuar.

En la parte inferior pasan a horizontal directamente o mediante una arqueta. En la parte superior se prolongan hasta la cubierta con una rejilla superior, y se llaman **ventilaciones**. Su objeto es evitar que al descargar un inodoro de un piso alto, por efecto émbolo, arrastre y vacíe los sifones de los pisos, provocando olores en ellos.

Las ventilaciones pueden ser:

Ventilación primaria, que prolonga la bajante hacia arriba, hasta sobresalir en la cubierta del edificio, con una rejilla.

Ventilación secundaria, en caso de edificios de más de 7 plantas, consiste en la tubería paralela a la bajante, que se conecta a ella cada dos plantas.

Ventilación terciaria, para edificios mayores de 14 plantas, con conexiones de la ventilación a los botes sifónicos de cada planta.

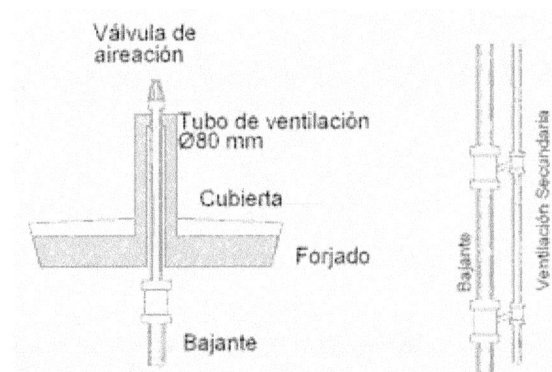

Los colectores son los tubos horizontales que van recogiendo las aguas de las bajantes. Deben instalarse con pendientes de un 2% al 5%.

Los entronques entre tuberías debe de hacerse a 45°, para facilitar la circulación del agua.

Cálculo:

Un método de cálculo de bajantes y colectores es el de las unidades de descarga, en el cual a cada aparato conectado se le asignan unas Ud según su tipo, definido en Tablas del Código Técnico de la Edificación, apartado de Salubridad:

Tabla 4.1 UDs correspondientes a los distintos aparatos sanitarios

Tipo de aparato sanitario		Unidades de desagüe UD		Diámetro mínimo sifón y derivación individual (mm)	
		Uso privado	Uso público	Uso privado	Uso público
Lavabo		1	2	32	40
Bidé		2	3	32	40
Ducha		2	3	40	50
Bañera (con o sin ducha)		3	4	40	50
Inodoro	Con cisterna	4	5	100	100
	Con fluxómetro	8	10	100	100
Urinario	Pedestal	-	4	-	50
	Suspendido	-	2	-	40
	En batería	-	3.5	-	-
Fregadero	De cocina	3	6	40	50
	De laboratorio, restaurante, etc.	-	2	-	40
Lavadero		3	-	40	-
Vertedero		-	8	-	100
Fuente para beber		-	0.5	-	25
Sumidero sifónico		1	3	40	50
Lavavajillas		3	6	40	50
Lavadora		3	6	40	50
Cuarto de baño (lavabo, inodoro, bañera y bidé)	inodoro con cisterna	7	-	100	-
	inodoro con fluxómetro	8	-	100	-
Cuarto de aseo (lavabo, inodoro y ducha)	inodoro con cisterna	6	-	100	-
	inodoro con fluxómetro	8	-	100	-

Tabla 4.2 UDs de otros aparatos sanitarios y equipos

Diámetro del desagüe (mm)	Unidades de desagüe UD
32	1
40	2
50	3
60	4
80	5
100	6

Si hay varios aparatos conectados, campos sumando sus unidades. Para baños y aseos podemos tomar el valor común y no i r sumando aparatos interiores.

Diámetro de las bajantes:

El colector de cuarto húmedo que enlaza con la bajante se dimensiona:

Tabla 4.3 Diámetros de ramales colectores entre aparatos sanitarios y bajante

Máximo número de UD			Diámetro (mm)
Pendiente			
1 %	2 %	4 %	
-	1	1	32
-	2	3	40
-	6	9	50
-	11	14	63
-	21	28	75
47	60	75	90
123	151	181	110
180	234	280	125
438	582	800	160
870	1 150	1 680	200

Y la bajante con la tabla siguiente:

Tabla 4.4 Diámetro de las bajantes según el número de alturas del edificio y el número de UD

Máximo número de UD, para una altura de bajante de:		Máximo número de UD, en cada ramal para una altura de bajante de:		Diámetro (mm)
Hasta 3 plantas	Más de 3 plantas	Hasta 3 plantas	Más de 3 plantas	
10	25	6	6	50
19	38	11	9	63
27	53	21	13	75
135	280	70	53	90
360	740	181	134	110
540	1 100	280	200	125
1 208	2 240	1 120	400	160
2 200	3 600	1 680	600	200
3 800	5 600	2 500	1 000	250
6 000	9 240	4 320	1 650	315

Nota: siempre que existan inodoros, el diámetro mínimo será de 110 mm.

Diámetro de los colectores horizontales:

Los colectores horizontales pueden tener varias pendientes, siendo recomendable la del 2%, para evitar atascos.

Tabla 4.5 Diámetro de los colectores horizontales en función del número máximo de UD y la pendiente adoptada

Máximo número de UD			Diámetro (mm)
Pendiente			
1 %	2 %	4 %	
	20	25	50
-	24	29	63
	38	57	75
96	130	160	90
264	321	382	110
390	480	580	125
880	1.056	1.300	160
1.600	1.920	2.300	200
2.900	3.500	4.200	250
5.710	6.920	8.290	315
8.300	10.000	12.000	350

Diámetro de las ventilaciones:

La ventilación secundaria de se calcula con la tabla 4.10 del CTE:

Tabla 4.10 Dimensionado de la columna de ventilación secundaria

Diámetro de la bajante (mm)	UD	Máxima longitud efectiva (m)							
32	2	9							
40	8	13	15						
50	10	8	30						
	24	7	14	40					
63	19	13	38	100					
	40	10	32	82					
75	27	10	25	68	150				
	54	8	20	53	120				
90	85		14	30	93	175			
	153		12	26	58	145			
110	180		7.5	22	97	240			
	390			10	51	79	270		
	740			8	40	75	220		
125	300			6	45	86	400	300	
	540				42	57	85	250	
	1.100				40	47	70	210	
160	635					32	67	100	510
	1.045						31	60	90	310
	1.810						25	34	69	230
200	1.000						28	37	202	380
	1.800						25	30	185	380
	2.200						19	22	157	330
	3.800						18	20	150	250
250	2.500						10	18	75	150
	3.800							16	105	
	5.600							14	25	75
315	4.450							8	15	
	6.500							6	7	32
	9.045							5	6	10
	Diámetro de la columna de ventilación secundaria (mm)	32	40	50	63	85	80	100	125	150	200

Tabla 4.11 Diámetros de columnas de ventilación secundaria con uniones en cada planta

Diámetro de la bajante (mm)	Diámetro de la columna de ventilación (mm)
40	32
50	32
63	40
75	40
90	50
110	63
125	75
160	90
200	110
250	125
315	160

Ejemplo de cálculo:

Bajante que recoge 2 baños con cisterna por planta en edificio de 10 pisos: 20 baños . 7 Ud/baño = 140 Ud;

Bajante según tabla diámetro 125 mm. 90 mm. Adoptamos 110 mm.

Ventilación secundaria: longitud 10 plantas . 3 m/planta = 30m. ; para bajante de 110mm, 140 Ud y 30 m resulta un diámetro de la ventilación de 65 mm.

Colector horizontal según tabla para un 2% resulta 110.

Ejemplo:

Colector de edificio de 105 viviendas con pendiente 1%:

105 Baños . 7 Ud/baño =   735 Ud;

105 Cocinas . 6 Ud =   630 Ud;

Suma   **1.365 Ud.**

Según tabla de colectores, para pendiente 1%, diámetro 200 mm.

7.5. Arquetas. Pozos

Arquetas:

Sirven para registrar las tuberías, y para limpiar en caso de atasco.

Se hacen con fábrica de ladrillo macizo, enlucidas interiormente con mortero de cemento. Las tapas pueden ser de fundición de o de hormigón. También las hay prefabricadas de hormigón o PVC.

Pueden ser:

- Arquetas de paso. Deben ser como mínimo el triple que la tubería. Para tubería de 160 mm, Arqueta de 0,35x0,35 m.

- Arquetas sifónicas: o con sifón. Evitan retornos de olores.

- Separadoras de grasas. Hacen que se decanten las materias grasas.

Pozos de registro:

Se instalan en las calles, normalmente cada 50 m, y en puntos donde confluyen varias tuberías o salidas de grandes edificios. Son de forma cilíndrica, con parte superior cónica, que acaba en una tapa circular de fundición. A nivel de calle sólo vemos la tapa de fundición.

Pueden ser prefabricadas o realizadas con obra de fábrica.

7.6. Albañales

En las ciudades las calles recogen grandes caudales de agua, y entonces es mejor realizar túneles con el cuello en forma de acequia, y que se denominan **albañales**.

Suelen permitir el paso de una persona para su mantenimiento.

Se realizan con hormigón armado, y pueden tener forma cilíndrica, rectangular u ovoide.

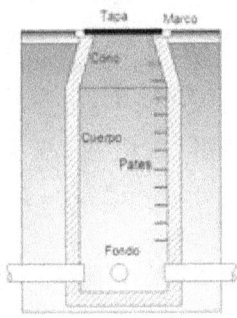

7.7. Elevaciones de saneamiento

En alguna ocasiones el punto de desagüe está a una cota inferior a la de la red exterior, sobre todo en caso de sótanos de edificios.

En estos casos debemos realizar una elevación de aguas fecales. El sistema comprende:

• Arqueta de recogida, que debe dimensionarse con un volumen máximo del caudal de un día, para evitar que el agua fermente al estar parada, y emita gases y olores.

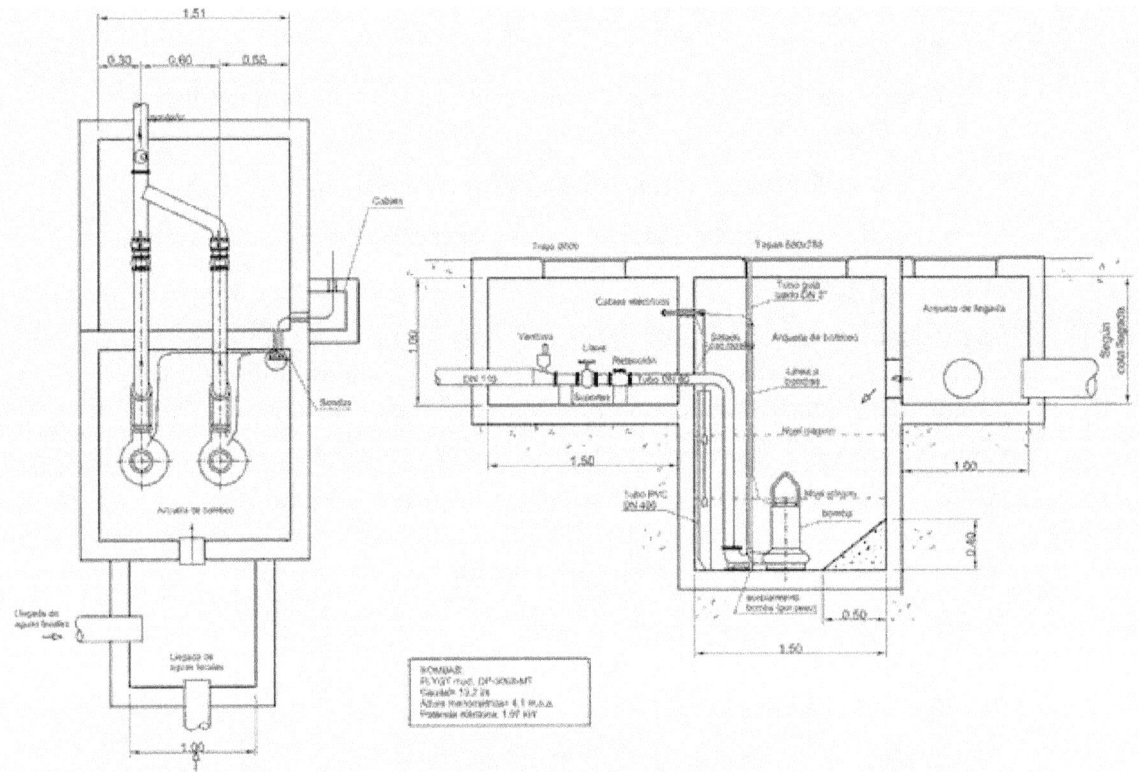

Bombeo de fecales

- Bomba trituradora – elevadora especial, pues el agua puede llevar trapos y materias que obstruyan el rodete.

- Sistema de boyas de nivel para su funciomaniento automático.

- Tubería de impulsión, que suele ser de PE de diámetro reducido, para que circule el agua a buena velocidad, 1,5 a 2 m/s.

En caso de poblaciones costeras, la red acaba en la playa, y debe ser elevada hasta la depuradora. En estos casos se realizan elevaciones importantes como la representada en la figura.

El diseño permite sacar las bombas tirando de una cadena, sin tener que descender los operarios.

Siempre hay que instalar dos bombas como mínimo, por si se avería una, poder seguir elevando agua.

7.8. Estaciones depuradoras

Las aguas fecales de las ciudades no deben verterse a río o al mar, pues provocan una alta contaminación.

El agua residual en un medio natural se depura mediante la acción de microorganismos que consumen su materia orgánica.

Esta acción se facilita por el aporte de oxígeno. Cuanto más cargada está un agua de materia orgánica, más oxígeno precisa para depurarse, es lo que se llama "demanda bioquímica de oxígeno" o DBO. Las aguas residuales pueden matar la vida en un rió o lago donde se viertan por consumir todo su oxígeno disuelto.

El depurar las aguas residuales es una necesidad actual, que permite además el poder reutilizarlas para riego de campos o jardines. La instalación donde se realiza se llama **depuradora**.

El proceso de depuración del agua es como el natural, pero acentuado mediante el aporte de bacterias y aire.

Desbaste decantación: para eliminar sólidos flotantes.

Digestor: consistente en añadir al agua fango e inyectar aire mediante paletas o inyectores. De esta forma se favorece la proliferación de bacterias aerobias que digieren la materia orgánica presente en el agua.

Decantador: en balsas grandes se decanta el agua.

Desinfección: se clora el agua para desinfectarla.

RESUMEN

Por agua POTABLE se entiende el agua que cumple con unos parámetros de calidad que la hacen apta para el consumo humano.

El proceso de poner el agua a disposición de los ciudadanos se denomina ABASTECIMIENTO, y comprende la captación, almacenamiento y distribución

El abastecimiento se puede destinar a:

* Uso doméstico (viviendas, hoteles, locales públicos...)

* Uso público (limpieza de calles, riego de jardines).

* Lucha contra–incendios. Bocas de incendio.

* Uso de recreo (piscinas, lagos fuentes).

Las aguas, para ser potables, tienen que pasar por varios tratamientos, dependiendo de la calidad de la captación. Estos tratamientos se realizan en las PLANTAS POTABILIZADORAS

El agua que precisan las ciudades y campos se toma en un proceso que denominamos CAPTACIÓN, y que puede ser desde: fuentes, embalses, ríos, pozos.

Se denomina instalación en alta a la parte de abastecimiento desde la captación hasta el depósito de la población. Del depósito en adelante se denomina abastecimiento en BAJA o distribución.

Las conducciones de traída son conducciones de agua de muchos kilómetros que unen el embalse o pozo, con la población.

Las estaciones potabilizadoras se encargan de convertir el agua en bruto en potable, mediante una serie de tratamientos que hemos descrito.

Los depósitos en el abastecimiento son grandes balsas que almacenan un volumen de agua, y que sirven para:

* Mantener la presión de la red constante.

* Absorber las puntas altas de consumo.

* Garantizar una reserva en caso de averías en la captación o en las tuberías de traída.

* Garantizar una reserva de agua para la lucha contra–incendios.

Las redes de distribución discurren por las calles, y son las encargadas de llevar el agua desde los depósitos hasta los puntos de suministro. Las redes de distribución pueden ser RAMIFICADAS o MALLADAS.

El saneamiento tiene la función de recoger las aguas usadas, y apartarlas de los usuarios hasta un punto de vertido que garantice la salubridad. Es una instalación fundamental en las ciudades, viviendas e industrias, por sanidad.

El saneamiento comprende la recogida de las aguas fecales provenientes de las viviendas e industrias y las aguas pluviales o de lluvia. Ambas se llaman también aguas residuales.

Si las aguas fecales y pluviales se llevan juntas a las redes de saneamiento se les llama unitarias. Si se llevan separadas, se les llama separativas.

Los materiales para las redes de saneamientos tienen que soportar la agresividad de las aguas y sus contaminantes.

Todos los aparatos deben llevar un sifón en la tubería de desagüe, para evitar que salgan olores por el mismo. El sifón está lleno de agua, y realiza un cierre hidráulico.

Las tuberías de desagüe de cada cuarto húmedo son recogidas por una tubería vertical que llamamos bajante. Los colectores son los tubos horizontales que van recogiendo las aguas de las bajantes. Deben instalarse con pendientes de un 2% al 5%.

CUESTIONARIO DE AUTOEVALUACIÓN

- Nombra tres unidades de presión, e indica la relación entre ellas.

- ¿Qué velocidad tendrá el agua que circula por una tubería de 200 mm de diámetro si pasan 60 L/s?

- ¿Qué caudal sale por el tubo de vaciado de una balsa de 10 m de altura, si éste es de 50 mm de diámetro?

- Selecciona con el ábaco una tubería para conducir 120 m³/h a 1,5 m/s.

- ¿Qué diferencias hay entra una pobilizadora y una depuradora?

- ¿Qué fuente de abastecimiento suele tener más calidad: pozos, fuentes o embalses?

- Las tuberías de traída que discurren hacia depósitos situados a menor cota, ¿precisan de sifones y acueductos? ¿Y de estaciones de bombeo?

- Indica dos caracteres organolépticos del agua. Indica dos sustancias no descables, y dos contaminantes.

- Haz un diagrama de flujo del proceso de depuración de aguas fecales.

- ¿Qué sistema se usa preferentemente para desinfectar el agua potable?

- Calcula el consumo de agua de un instituto de 1000 alumnos, con una cafetería que sirve 200 comidas al día.

- Calcula los 10 sumideros de un aparcamiento de 2000 m. ¿Qué caudal circulará?

PRÁCTICAS PROPUESTAS

- Visitar la estación potabilizadora y depuradora de la población. Informarse de las fuentes de abastecimiento, pozos, fuentes, etc. Realizar un trabajo sobre el tema.

- Calcular el consumo medio de agua del instituto. Verificar, con los recibos de agua, si se adapta a la media teórica.

- Calcular los sumideros de aguas pluviales de la cubierta, patio, etc.

- Calcular las bajantes y colectores generales de saneamiento del instituto.

INSTALACIONES DE AGUA
SUMINISTROS DE AGUA

ÍNDICE

INTRODUCCIÓN

En esta unidad didáctica haremos una descripción de las instalaciones interiores de suministro de agua y los materiales de montaje.

En la unidad siguiente aprenderán a dimensionar todos los elementos de acuerdo con la normativa actual.

1. TIPOS DE SUMINISTROS. CLASIFICACIÓN

Los suministros son instalaciones que toman agua de la red de distribución de agua potable de la población.

El CTE no clasifica los suministros por tipos, sólo en función de su caudal.

El caudal varía según el número de aparatos que usen agua, y de un coeficiente de simultaneidad, se aproxima al caudal punta o máximo demandado.

Conociendo el caudal punta que puede demandar un suministro, se dimensionan todas sus tuberías y elementos.

Podemos clasificar los suministros según su uso:

- **Doméstico**. Viviendas particulares.
- **Público**. Que podemos clasificar en:
    - Residencial. Hoteles y similares.
    - Comercial. Tiendas, oficinas, restaurantes.
    - Institucional. Colegios, Cuarteles, Polideportivos.
- **Industrial**. Usos para procesos de fabricación. Lavados, etc.
- **Refrigeración**. Para equipos de climatización o frío industrial.

Según su aplicación podemos clasificar los aparatos en:

- Higiene personal. Cuartos de baño.
- Elaboración de alimentos. Cocinas
- Limpieza de ropa y estancias. Lavadoras, pilas.
- Riego de jardines.
- Tomas de agua para otros usos.

2. CAUDAL DE LOS APARATOS

Los aparatos habituales que consumen agua tienen un caudal mínimo, que se indica en la tabla 2.1 del CTE.

A la hora de calcular los elementos de una instalación, debemos considerar esos caudales por aparato.

Vemos cómo en una vivienda, a los lavabos, inodoros y bidé se les asigna 0,1 L/s. A ducha, fregadero y lavadero 0,2 L/S; y a la bañera 0,3 L/s.

Presión:

Para el funcionamiento correcto de los aparatos la presión de la red de agua en su toma debe ser:

- Presión mínima 100 kPa, 150 kPa para calentadores y fluxores.

- Presión máxima 500 kPa

Protección contra retornos:

Si la red de agua sufre una caída de presión, debida a un corte de agua u otra causa, puede pasar que los pisos inferiores de un edificio, al abrir el grifo, aspiren de la red el agua de los aparatos de los pisos superiores, como una bañera con la salida tipo teléfono dentro, llegando a los pisos inferiores agua contaminada por los grifos.

Esto es lo que llamamos un **retorno de agua a la red**, y está totalmente prohibido.

Para evitar esto se instalan los dispositivos siguientes:

- Válvulas de retención tras los contadores generales del edificio.

- Válvulas de retención tras los contadores de cada vivienda.

- Válvulas de cierre por peso en las tomas tipo teléfono de las bañeras.

- En los suministros distintos de viviendas.

- En las tomas de alimentación de aparatos de climatización.

Tabla CTE 2.1

Tabla 2.1 Caudal instantáneo mínimo para cada tipo de aparato

Tipo de aparato	Caudal instantáneo mínimo de agua fría [dm³/s]	Caudal instantáneo mínimo de ACS [dm³/s]
Lavamanos	0,05	0,03
Lavabo	0,10	0,065
Ducha	0,20	0,10
Bañera de 1,40 m o más	0,30	0,20
Bañera de menos de 1,40 m	0,20	0,15
Bidé	0,10	0,065
Inodoro con cisterna	0,10	-
Inodoro con fluxor	1,25	-
Urinarios con grifo temporizado	0,15	-
Urinarios con cisterna (c/u)	0,04	-
Fregadero doméstico	0,20	0,10
Fregadero no doméstico	0,30	0,20
Lavavajillas doméstico	0,15	0,10
Lavavajillas industrial (20 servicios)	0,25	0,20
Lavadero	0,20	0,10
Lavadora doméstica	0,20	0,15
Lavadora industrial (8 kg)	0,60	0,40
Grifo aislado	0,15	0,10
Grifo garaje	0,20	-
Vertedero	0,20	-

3. ELEMENTOS DE LAS INSTALACIONES DE SUMINISTRO

Los elementos de las instalaciones interiores de suministro de agua comprenden las siguientes instalaciones:

3.1. Acometida

Es la parte pública de la instalación, la que discurre por terrenos municipales, desde la tubería de distribución de agua de la calle, hasta el límite de la propiedad, donde se instala una llave de corte general.

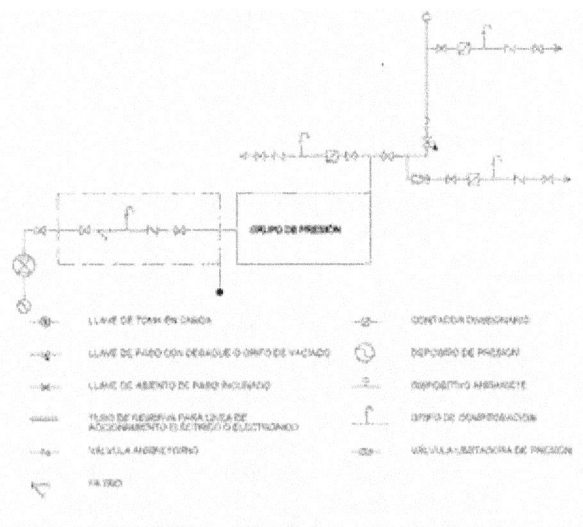

Figura 3.2 Esquema de red con contadores aislados

Comprende los elementos siguientes:

- Collarín de toma sobre la tubería de distribución. Debe llevar llave de corte que llamamos llave de toma.

- Arqueta de registro, si lo pide el Ayuntamiento.

- Tubería de acometida, hasta la llave de corte general.

- Llave de corte en zona pública, antes de la propiedad particular. Normalmente en acera o en el armario del contador si da a la calle.

Hay que comprender que la acometida es una parte de la instalación que suele realizar la empresa suministradora, y pueden tener otras normas propias, sobre las que hay que informarse, y tenerlas en cuenta.

Los esquemas normales en acometida pueden ser:

a) Vivienda unifamiliar con contador en fachada:

La llave antes del contador es la llave de corte pública

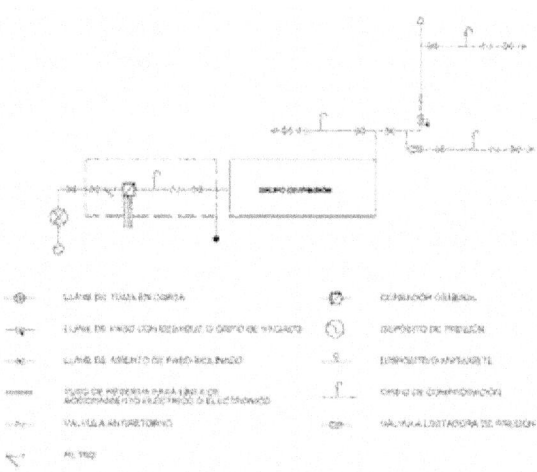

Figura 3.1 Esquema de red con contador general

b) Finca con contadores en cuarto interior:

En la acera o en la fachada se sitúa la llave de corte pública, y tras la fachada, la llave general de corte del suministro (dentro de la propiedad).

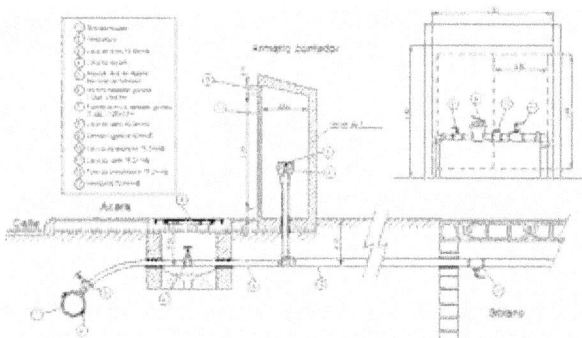

c) Urbanización con calles de acceso privadas:

A la entrada de la calle privada se sitúa la llave de corte pública, y tras ella la llave general del grupo de viviendas. Las tuberías que discurren por las calles privadas no son acometidas.

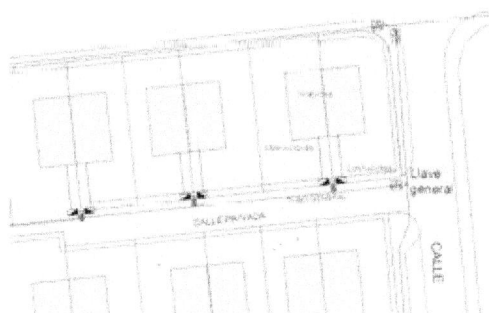

Llave de corte general:

Sirve para cortar el agua a todo el edifico. Estará situada en un lugar de uso común y señalizado, de forma que permita su acceso fácil. Si hay contador peral, estará antes del mismo. Debe ser de compuerta.

Filtro:

Tras la llave de corte que situará un filtro para retener las partículas sólidas que pueda arrastrar el agua de la red, que pueden venir tras roturas de tuberías. Debe ser de fácil acceso, y poder limpiarse sin interrumpir el suministro. Para ello se instala según el esquema de la figura, con dos llaves y un by–pass.

3.2. Tubo de alimentación

Es el tubo que partiendo de la llave de paso lleva el agua hasta el distribuidor o contador del abonado.

En caso de viviendas unifamiliares con el contador situado en la fachada, este tubo no existe.

En caso de instalaciones con centralización de contadores es el tubo que enlaza la llave de paso con la batería de contadores.

En caso de baterías de contadores repartidas por plantas o por calles particulares, es el tubo que va desde la llave de corte general hasta cada batería.

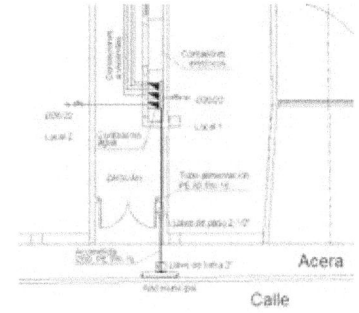

Esta tubería debe trazarse por zonas de uso común, con registros para su inspección, sobre todo en los cambios de dirección y extremos.

Cuando el tubo asciende a los pisos se denomina **montante**.

Los montantes deben disponer en su base de una válvula de retención, una llave de corte, y una llave de vaciado o tapón. En su parte superior deben tener purgadores.

3.3. Contadores

Los contadores son aparatos que miden el volumen de agua suministrada.

Su tipo e instalación suele estar regulada por normas particulares de cada población.

Pueden ser:

Generales: cuando cuentan todo el caudal del edifico.

Divisionarios: cuando cuentan el volumen de cada abonado.

Pueden estar situados en:

Arqueta individual: si sólo hay un contador

Centralización o batería: cuando hay varios contadores juntos.

Los tipos de contadores son:

* De paletas

* De disco oscilante. Normales de tipo doméstico.

* Hélice o Woltman. Contadores grandes a partir de 40 mm.

* De paso indirecto o proporcionales.

* Electromágnéticos.

* De ultrasonidos.

La lectura suele ser en m^3, con un error admisible del 1%.

Instalación:

Los contadores deben instalarse con unas llaves de corte a ambos lados, para poder retirarlo en caso de avería.

Se instalan normalmente en posición horizontal.

Las conexiones en los pequeños con resacar para enlace, y los mayores con bridas atornilladas.

Los contadores grandes precisan de un tramo recto antes y después del contador, para evitar turbulencias que lo alteren.

Arqueta del contador:

Los contadores deben situarse en un armario o arqueta de dimensiones suficientes para que quepa el contador, sus llaves, filtro, etc.

Las hay de hormigón prefabricado, o realizadas con fábrica de ladrillo cerámico, enlucido de mortero de cemento.

La puerta es de aluminio o acero galvanizado, con una llave de apertura de tipo cuadradillo.

Baterías de contadores:

Las baterías de contadores se instalan en edificios con varias viviendas, y agrupan los contadores de varios usuarios.

Según el recinto pueden instalarse: en armarios, o en cuartos.

Según el lugar pueden estar:

- En armarios, en acceso a parcelas o vallas de fincas.
- En armario, en zaguán de entrada al edificio.
- En armario, en plantas de pisos; cada planta o cada varias.
- En cuarto propio en sótano o planta baja.

En todos los casos estarán en zonas de uso común y libre acceso.

El cuarto o armario debe tener un sumidero en el suelo, y un punto de luz.

Las baterías suelen ser prefabricadas, con un colector grande y salidas para los contadores necesarios. El colector es mejor que sea en anillo, para repartir mejor el caudal.

Cada contador tiene dos llaves acodadas, y un cable para el envío de la señal de lectura a distancia (preinstalación).

Medida de caudales mediante contadores:

Con un contador de agua y un reloj con segundero, podemos medir el caudal que pasa por una tubería de la forma siguiente.

- Averiguamos cada vuelta de contador, que equivale a: 1 m, a 0,1 m, etc.

- Cronometramos los segundos que tarda la aguja en dar una vuelta completa a la esfera.

- Dividimos el volumen en litros por el tiempo en segundos, y obtenemos el caudal en L/s.

$$Caudal\ (l/s) = Volumen\ (litros)\ /\ tiempo\ (segundos)$$

Ejemplo: si una vuelta es 0,1 m^3 y tarde 40 segundos, calcular el caudal de paso: Volumen = 0,1 m^3 = 100 L; t = 40 segundos

Caudal = 100 / 40 = 2,5 L/s.

3.4. Derivaciones individuales

Son los tubos que ven desde el contador divisionario hasta la llave de paso de la instalación interior.

En caso de edificios con varias viviendas, las derivaciones se tienden agrupadas por zonas de uso común, y ascienden por un hueco del recinto de la escalera, con registros en cada planta.

Pueden ser de cobre, acero o plásticos. No deben tener derivaciones ni llaves e corte en su trazado.

3.5. Instalación interior

Es la instalación particular de cada abonado, la que discurre por el interior de su vivienda o local.

Está compuesta de:

- Llave de paso del abonado: situada tras entrar en su propiedad. Suele colocarse sobre la puerta de entrada de las viviendas, cocina o galería. Sirve para cortar rápidamente toda agua del local.

- Derivación particular: o tubería que recorre el local, derivando a los diferentes cuartos húmedos.

- En la entrada de cada cuarto húmedo se instalan dos llaves para agua fría y caliente.

- En cada cuarto húmedo se denominan ramales de enlace con los aparatos.

- Puntos de consumo: aparatos sanitarios, grifos, etc., deberán llevar una llave de corte en su conexión.

La instalación interior puede trazarse:

- Bajo el techo del local, descendiendo a cada cuarto u aparato.

- Empotrada por las paredes.

- Por el suelo.

- Por huecos de la construcción.

- Por las paredes en montaje superficial.

En la unidad didáctica 4 se indican criterios de montaje reglamentarios. En general, la red interior de la vivienda o local debe trazarse con el diámetro mínimo que indican las normas, y en caso de suministros grandes, se debe calcular cada tramo, para que la velocidad no sobrepase los 1,5 m/s,

A la entrada de cada cuarto las tuberías de agua fría y caliente derivan en dos llaves para cortar el agua de dicho cuarto. En muchas ocasiones y las tuberías discurren bajo el techo, deberán de descender a una altura de 2 metros para ser más maniobrables.

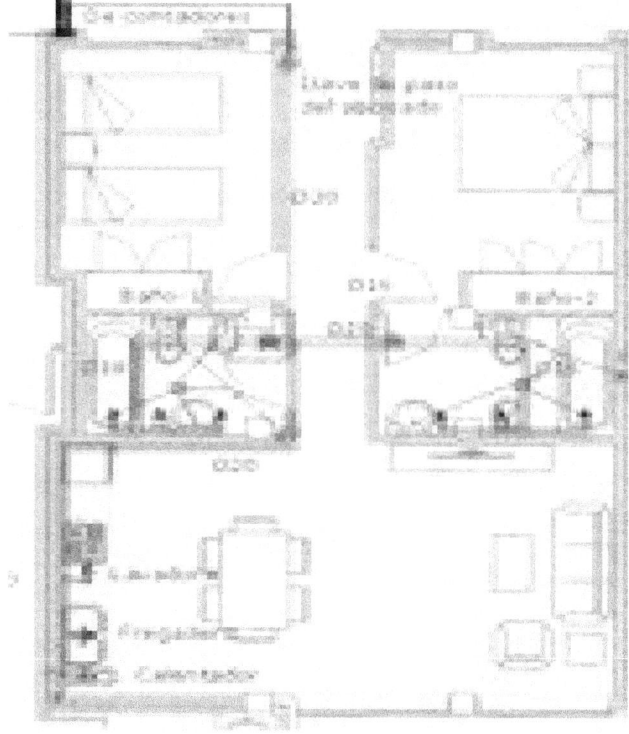

4. APARATOS Y ELEMENTOS DE LAS INSTALACIONES DE AGUA

Los elementos de las instalaciones interiores de agua principales son:

4.1. Grupos de presión. Cálculo

Los grupos de presión se instalan en edificios de altura, en los que el agua por la presión de la red no alcanza con presión suficiente a los pisos elevados.

La norma indica que la presión mínima en el punto de consumo de agua ha de ser como mínimo de 15 m.c.a. Si el edifico tiene dos pisos de altura con 3 m, total 6 m, la presión en la calle ha de ser de 15 + 6 = 18 m.c.a.

Si la presión es inferior hay que instalar un grupo de presión. Este grupo lo ajustaremos a la presión que resulte de sumar a la altura del edificio 15 m.c.a. y las pérdidas de presión en las tuberías.

La presión de la red en el punto de acometida debe obtenerse de la empresa suministradora, y puede variar según la calle de la población.

El grupo de presión es un elemento que consume energía, con bombas y elementos que pueden averiarse, y por ello debe limitarse su instalación a los edificios en los que sea obligatorio.

Los grupos de presión constan de los elementos siguientes:

- Depósito de aspiración o auxiliar.
- Electro–bombas centrífugas.
- Calderín de aire.
- Cuadro eléctrico y protecciones.

Depósito auxiliar:

Es un depósito de agua que se llena por el tubo de alimentación, mediante una válvula de flotador (como las cisternas de los inodoros).

El depósito tiene por función almacenar la cantidad de agua suficiente para que cuando arranquen las bombas, funcionen durante un periodo de tiempo suficiente, y eviten que puedan aspirar directamente de la red de distribución.

También puede hacer la función de **aljibe**, o depósito de reserva de agua para casos de corte en la red de abastecimiento, y en tal caso su volumen es mayor.

Podemos calcularlo en función del caudal de las bombas, considerando un tiempo de funcionamiento de 15 a 20 minutos.

$$V = Q \cdot t$$

Siendo

V = volumen del depósito

Q = caudal de las bombas en L/s

T = tiempo de funcionamiento en

Ejemplo: Grupo con caudal de 120 L/minuto.

Caudal = 120 / 60 = 2 L/s.

Si funciona 15 minutos = 15 . 60 = 900 segundos

Volumen = Q . t = 2 . 900 = 1.800 Litros.

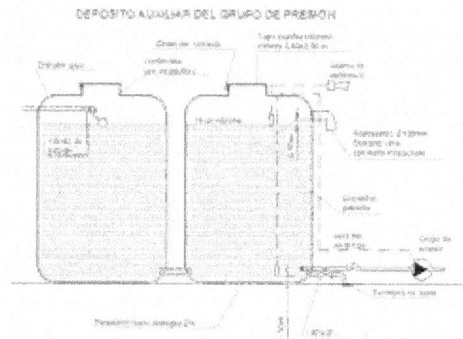

Los depósitos deben realizarse con gran cuidado, ya que van a contener agua potable que van a beber personas del edificio, cuidando sobre todo el aspecto de higiene de los mismos.

En general deben cumplir:

- Realizar siempre que sea posible dos depósitos, de forma que podamos limpiar uno de ellos sin cortar el servicio.

- Realizarlos con materiales no porosos, como poliéster, acero inoxidable, acero vitrificado, etc. Y que no estén sujetos a corrosión.

- Debe disponer de una boca de hombre para poder entrar un operario y limpiarlo por dentro.

- Deben tener una llave de vaciado a nivel del suelo, y un tubo de ventilación protegido por unas mallas contra la entrada de insectos.

- Hay que instalar un rebosadero visto, es decir que en caso de sobresalir el agua, se vea como cae al desagüe.

- En algunos Ayuntamientos piden una alarma de rebosamiento, de tipo acústico.

- Se instalará una boya o hidronivel, que pare las bombas cuando descienda el nivel de agua hasta un punto fijado.

- La instalación ser realizará de forma que el agua circule sin quedar zonas con agua estancada.

Bombas:

Se instalan dos bombas en paralelo, para tener más seguridad en caso de averías (podemos desmontar una y seguir funcionando el grupo con la otra, mientras reparamos la primera).

Suelen ser electro–bombas centrífugas de tipo vertical y multi–etapas.

El tipo vertical es por seguridad de instalar el motor eléctrico elevado respecto al suelo, en caso de derrames de agua.

Cuenta mayor presión se requiera en el grupo, más rodetes llevará la bomba.

Las bombas se seleccionan de un catálogo comercial conociendo el caudal y la presión.

Entramos en la gráfica de selección y con los dos datos anteriores marcaremos un punto. Elegiremos una bomba cuyo sector de funcionamiento cubra este punto, comprobando que su rendimiento es el máximo posible.

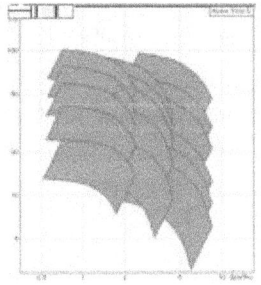

Las bombas arrancan y paran mediante un **presostato**, o elemento que abre o cierra un contacto eléctrico detectando la presión en la tubería de descarga de las bombas.

Al subir la presión, el contacto eléctrico se abre, y la bomba para. Si la presión empieza a descender, la bomba no arranca hasta que la presión ha disminuido un cierto intervalo, que llamamos **diferencial de arranque**.

Por ejemplo: tarado de la presión a 6 bar. Diferencial 2 bar.

Funcionamiento: la bomba arrancará y subirá la presión hasta 6 bares, momento en el que parará. Si abre grifos de agua, la presión irá descendiendo hasta que a 6 – 2 = 4 bares, arrancará de nuevo.

Si se instalan dos bombas, en el cuadro eléctrico hay que instalar un elemento llamado conmutador de alternancia, para que alterne las bombas, y cada vez arranque una distinta.

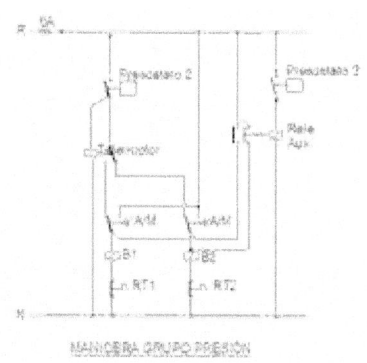

Actualmente se instalan grupos con un variador de frecuencia en el mando de las bombas, de forma que la velocidad del motor eléctrico se ajusta a la demanda de caudal de agua, y el funcionamiento es mucho más suave y sin tantos arranques y paros.

Según el CTE se instalarán dos bombas para caudales hasta 10 L/s, tres hasta 30 L/s, y cuatro a partir de 30 L/s.

Instalación: las bombas se instalarán sobre una bancada que absorba las vibraciones. Las conexiones de los tubos de entrada y salida llevarán enlaces flexibles para evitar transmitir ruidos al edifico

Depósito de presión o calderín:

Es un elemento que permite almacenar un volumen de agua a presión, y hace de colchón en la salida de las bombas, de forma que reduce el número de arranques y paradas de las mismas.

Suele construirse de forma vertical, y llevar una membrana interior que divide su volumen en agua y aire a presión. El aire debe estar a unos 2 bares sobre el punto de presión mínima de la instalación.

El aire se inyecta con una válvula de obús mediante un compresor o bomba de bicicleta, y hay que verificarlo periódicamente.

El depósito deberá estar timbrado a 1 bar sobre la presión máxima de la instalación.

Llevará manómetro y válvula de seguridad.

Local del grupo de presión:

El local donde se instale el grupo de presión debe tener:

- Fácil acceso desde zonas de uso común.

- Buena ventilación para evitar condensaciones.

- Alumbrado de emergencia.

- Sumidero en el suelo.

- No almacenar otras instalaciones ni alimentos, herramientas o productos contaminantes.

4.2. Válvulas reductoras de presión

Cuando la presión en la red es excesiva, deberemos instalar válvulas reductoras de presión. Su función es reducir el caudal y provocar una caída de la presión hasta el valor fijado aguas abajo de la válvula.

Es decir, si la presión en la red es de 6 bar, y taramos la válvula a 4 bar, cuando la presión interior baje de 4 bar, la válvula abrirá el paso del agua, y cuando la presión suba a 4 bar, cerrará el paso.

Su modo de funcionamiento es mediante una membrana que está comunicada a la tubería de salida. Al subir la presión, la membrana empuja una aguja que cierre el paso del agua.

La suciedad en el agua puede hacer que la aguja se atranque u obstruya, y por eso precisa de instalar un filtro aguas arriba.

La aguja también se desgasta con el tiempo, y hay que sustituirla.   Las válvulas reductoras también se pueden instalar en edificios, para reducir la presión en las plantas inferiores de instalaciones con grupo de presión. En este caso se instalan con dos llaves y un by–pas, para poder repararlas.

4.3. Depósitos de reserva

Los depósitos se instalan en lugares donde el suministro no está garantizado durante todo el día.

La instalación de depósitos de reserva es similar a la descrita en los depósitos auxiliares de los grupos de presión, en cuanto a condiciones constructivas y sanidad. Su volumen se suele calcular como el del consumo de un día.

Otra forma de instalación es la de depósito elevado en la cubierta del edificio, de forma que el agua de la red sube hasta el depósito que lleva una válvula de flotador, y desde el depósito desciende por gravedad a la instalación interior.

La tendencia actual es a eliminar estos depósitos, ya que muchas veces el mantenimiento de los mismos no es el adecuado, y no podemos garantizar la potabilidad del agua que contienen. Hay que considerar que la función de reserva de agua la debe hacer la empresa de abastecimiento en sus depósitos municipales, y no el usuario final del suministro.

4.4. Calentadores de agua. Tipos. Agua caliente sanitaria

La producción de agua caliente sanitaria (ACS) se puede producir en una instalación interior mediante diversos sistemas:

- Calentadores instantáneos, que calientan el agua a medida que pasa por ellos; pueden ser eléctricos o a gas.

- Calentadores acumuladores, que almacenan en un depósito el agua caliente a temperatura elevada.

- Instalaciones centralizadas de ACS, tipo colectivo, utilizada sobre todo en edificios residenciales y públicos.

La normativa sobre su instalación está regulada en el Reglamento sobre Instalaciones Térmicas en los Edificios (RITE).

En general, en una instalación interior la entrada de agua fría, o derivación del suministro, tiene una derivación al calentador de agua, y del mismo sale la tubería de agua caliente, que se tiende paralela a la de agua fría, y con su mismo diámetro, por todo el trazado interior.

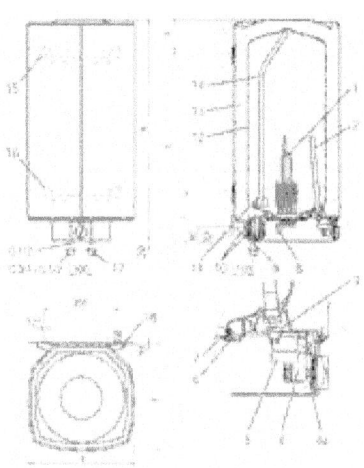

Esta tubería deberá aislarse térmicamente, para evitar pérdidas de calor.

75

Cuando la longitud de la tubería desde el calentador hasta el punto más alejado sea superior a 15 metros, deberá instalarse una tubería de retorno. Esta tubería se tiende desde el final de la tubería de ACS hasta el acumulador, y con una bomba circuladora, para que el agua se mueva por las tuberías y las mantenga calientes. De esta forma, al abrir un grifo el agua caliente sale en seguida, si tener que derrochar agua esperando que se calienten las tuberías hasta el punto de consumo.

Los materiales de las tuberías deberán soportar la temperatura de 90° C manteniendo las condiciones de resistencia requerida.

5. TUBERÍAS Y ACCESORIOS. MATERIALES

Los materiales a utilizar en las instalaciones de agua deben de cumplir las siguientes condiciones:

- Resistir los esfuerzos mecánicos provocados por la presión del agua, el terreno, las dilataciones térmicas, peso, etc.

- Resistir la corrosión que provoca el agua o el ambiente donde se instalen.

- No perjudicar la calidad del agua, sabor, iones, etc.

- Provocar el mínimo de pérdida de carga al fluido.

Los materiales normalmente empleados son:

5.1. Cobre

El cobre es un material de una dureza media, pero ligero, y muy resistente a la corrosión. Se puede doblar y soldar.

En fontanería se utiliza cobre desoxidado con fósforo, llamado cobre rojo.

Se fabrican mediante extrusión, y se suministran en dos tipos:

- Rígido, en barras de 5 m.

- Recocido, en rollos de 50 a 100 m.

Su interior es muy liso lo cual provoca poca pérdida de carga.

Las especificaciones para tubos y accesorios se detallan en la norma UNE 37.116 y 37.141

Su dilatación con la temperatura se obtiene aproximadamente con la fórmula:

$$\Delta L = L \cdot t / 60$$

Siendo   L = longitud tubería

t = temperatura máxima agua caliente.

Hay que tener cuidado cuando el cobre hace contacto con tuberías de acero, ya que se forma una pila electrolítica, que provoca la rápida corrosión del acero, y la formación de sales en el cobre.

El contacto con el hormigón de los edificios también le perjudica, y por ello se instala forrando las tuberías con una vaina de PVC.

Los diámetros del cobre que se indican son siempre exteriores, y van seguidos del espesor de la pared.

Por ejemplo: tubo de 16x1 significa que el tubo tiene un diámetro exterior de 16 mm, un espesor de pared de 1 mm, y, por lo tanto, un diámetro interior de 14 mm.

Espesores Normalizados de tuberías de cobre:

TUBERÍA DE COBRE

Espesor	0,75	1	1,2	1,5	2	2,5
Ø Exterior	Ø Interior					
6	4,4	4				
8	6,5	6				
10	8,5	8				
12	10,5	10				
15	13,5	13				
18	16,5	16				
22		20	19,6	19		
28		26	25,6	25		
35		33	32,6	32		
42		40	39,6	39		
54			51,6	51		
64				61	60	
76				73	72	
89					85	84
106					104	103

El cobre se une mediante soldadura que entra en las juntas por capilaridad.

5.2. Acero galvanizado. Inoxidable

Las tuberías de acero se fabrican con acero sin templar y con un recubrimiento de 0,1 mm de Zn por inmersión (galvanizado en caliente).

Pueden fabricarse con o sin soldadura longitudinal.

Los tubos sin soldadura longitudinal son más lisos, y también caros.

Se suministran en barras de 5 metros. Normalización UNE 19.047 y 19.048.

Se denominan tradicionalmente en pulgadas, referidas a su diámetro interior.

Las uniones son mediante roscado.

Los tubos de diámetros grandes (más de 3") se unen mediante bridas, intercalando una junta de goma, y atornillando el conjunto.

También pueden unirse mediante soldadura por arco u autógena.

Tuberías de acero, diámetros y espesores:

Ø Nominal pulgadas	Ø Nominal mm.	Espesor mm.	Peso Kg/m
3/8	10	2,3	0,883
1/2	15	2,5	1,25
3/4	20	2,5	1,62
1	25	3,2	2,48
1 1/4	32	3,2	3,19
1 1/2	40	3,2	3,70
2	50	3,6	5,18
2 1/2	65	3,6	6,62
3	80	4,0	8,59
4	100	4,5	12,50
5	125	5,0	16,90
6	150	5,0	20,10

Tubería de acero inoxidable UNE 17.049:

TUBERÍA DE ACERO INOXIDABLE		
Ø Exterior	Espesor	Peso
8	0,6	0,111
10	0,6	0,141
12	0,6	0,171
15	0,6	0,216
18	0,7	0,303
22	0,7	0,373
28	0,8	0,545
35	1	0,851
42	1,1	1,13

Las tuberías de acero inoxidable se utilizan recientemente para instalaciones interiores, y en procesos industriales de tipo sanitario.

Los tubos son más finos, y muy resistentes.

Resisten muy bien la corrosión si el agua no tiene mucho cloro.

5.3. Materiales plásticos

Policloruro de vinilo o PVC:

Se utilizan para agua fría, ya que no soportan temperaturas elevadas.

Es un material muy ligero, resistente, y prácticamente inalterable.

Se sirven en barras y rollos.

Se unen mediante roscado o pegado con un pegamento especial (tangir), que disuelve la capa exterior y provoca una soldadura del material.

Polietileno o PE:

Puede ser:

* De **baja densidad**, de coloración negra, utilizado para riego principalmente, se sirve en rollos hasta Ø75 mm.

* De alta densidad, de color azul o negro, se sirve en rollos y en barras hasta 200 mm.

El PE es más flexible que el PVC, resiste temperaturas algo superiores. Se utiliza en tubos de abastecimiento y acometidas.

Tubería de Polietileno UNE 52.381:

TUBERÍA DE POLOETILENO			
	Espesor pared en mm.		
Ø Nominal	1 MPa	1,6 MPa	2 MPa
10			1,8
12			1,8
16		1,8	1,8
20	1,8	1,9	2,3
25	1,8	2,3	2,8
32	1,9	2,9	3,6
40	2,4	3,7	4,5
50	3,0	4,6	
63	3,8	5,8	
75	4,5	6,8	

Tubos Alpex:

Se denominan también tubos **multicapa**, ya que están formados por una capa interior de PE, una capa de aluminio, y otra exterior de PVC.

Están sustituyendo al tubo de cobre en las instalaciones interiores, por sus ventajas:

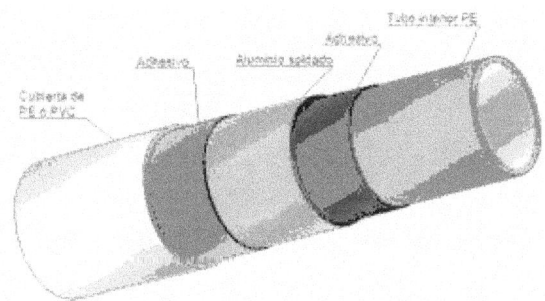

DETALLE DE TUBO MULTICAPA Alpx

- Admite altas presiones y temperatura hasta 100° C, y es válido también para calefacción.

- Es ligero y manejable, se dobla fácilmente.

- Tiene un coeficiente de dilatación similar al cobre.

- No le afecta la corrosión, ni los materiales de obra.

Los empalmes se realizan mediante piezas especiales y máquinas de compresión.

Polipropileno o PP y Polibutileno PB:

Los tubos de PP son similares al PE, pero admiten altas temperaturas, hasta 100° C, siendo adecuados también para calefacción.

Son ligeros, flexibles, de color gris o verde, y se realizan con diámetros hasta 500 mm.

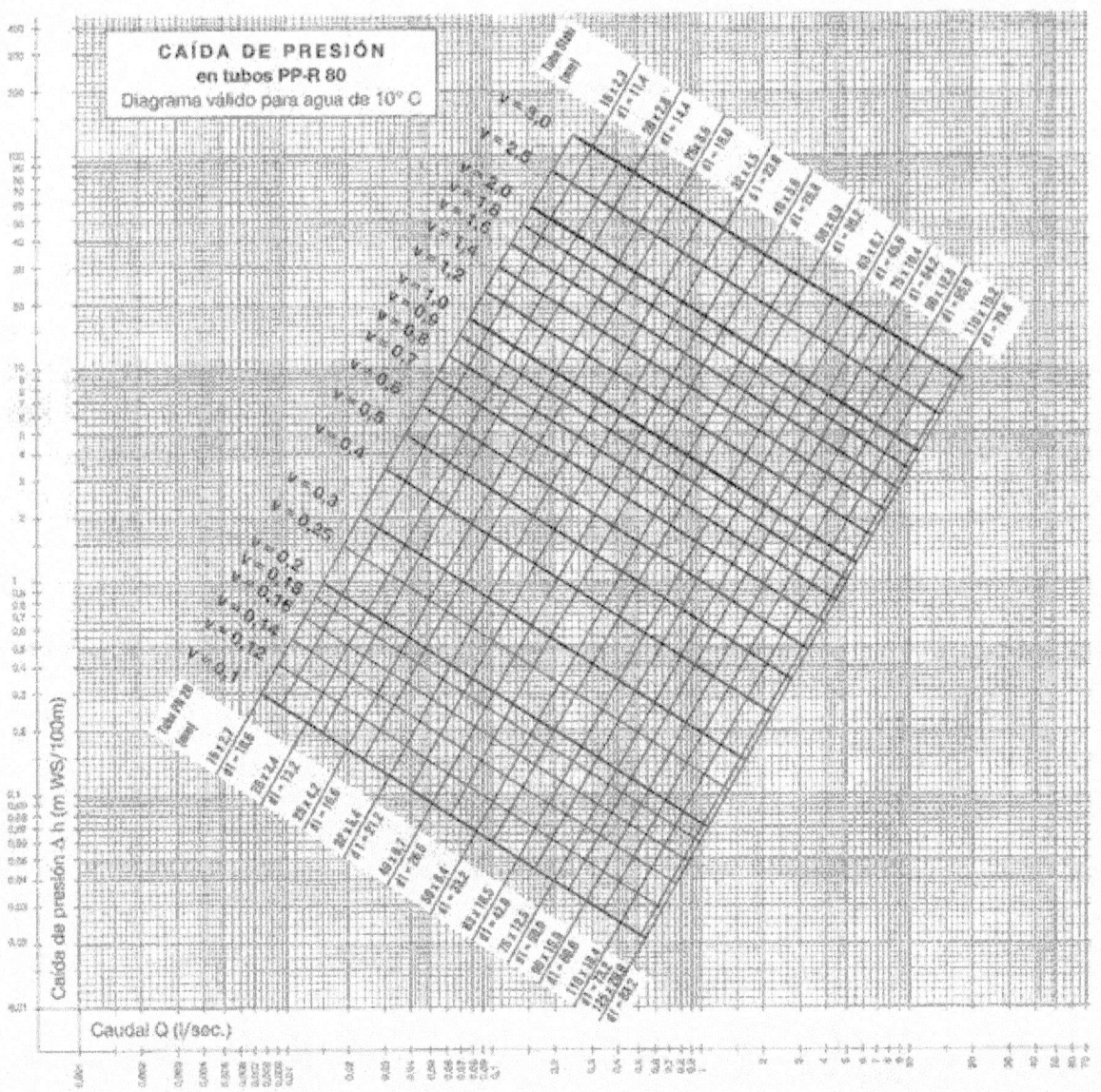

Fig.1: Caída de presión en tubos PP-R 80

Las uniones son mediante termofusión.

Se emplean en todo tipo de instalaciones interiores.

6. ELEMENTOS DE UNIÓN

Los elementos de unión sirven para empalmar las tuberías y sus accesorios.

Los podemos clasificar en:

- Uniones roscadas.
- Uniones soldadas.
- Uniones pegadas.
- Uniones por enchufe y cordón.
- Uniones mediante compresión.

6.1. Uniones roscadas

Las uniones roscadas se utilizan en tubos de acero galvanizado, acero inoxidable y PVC.

Las roscas exteriores en los tubos se realizan mediante una herramienta llamada **terraja**. Las roscas interiores las llevan los accesorios como:

- Manguitos: anillo con dos roscas interiores, para unir tubos.
- Codos y tes.
- Llaves, etc.

Los tubos se unen mediante roscado, que se realiza con terrajas y machos, con rosca "Gas Whitworth", normalizada UNE 19.009

La unión se hace estanca con una estopada de cáñamo+ mástic, teflón o líquidos sellantes.

A partir de diámetros de 2" son dificultosas de realizar.

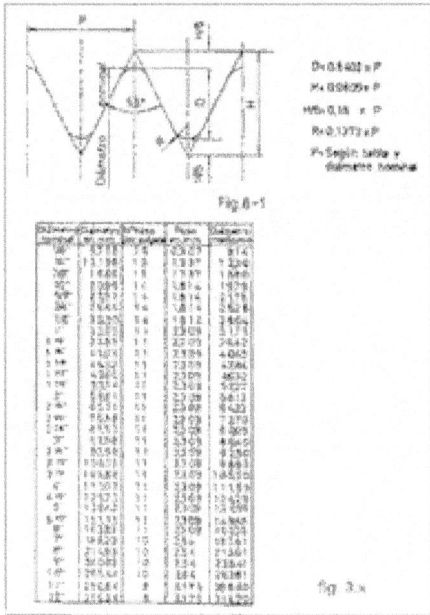

83

6.2. Uniones soldadas

Las uniones soldadas pueden realizarse mediante:

- **Soldadura Blanda**: la soldadura habitual es la denominada blanda, realizada con una aleación de estaño+plata. El calor se aplica mediante un soplete de gas Butano.

- **Soldadura fuerte**: la soldadura fuerte se realiza con una aleación de cobre+plata+fósforo, y el calor se aplica con un equipo de oxibutano. Se utiliza para conducciones de gas o frigoríficas.

- **Pegado**: las tuberías de PVC se pegan mediante un pegamento especial que disuelve el PVC. Hay que limpiar el tubo, aplicar el pegamento y unir rápidamente las piezas.

6.3. Uniones por compresión

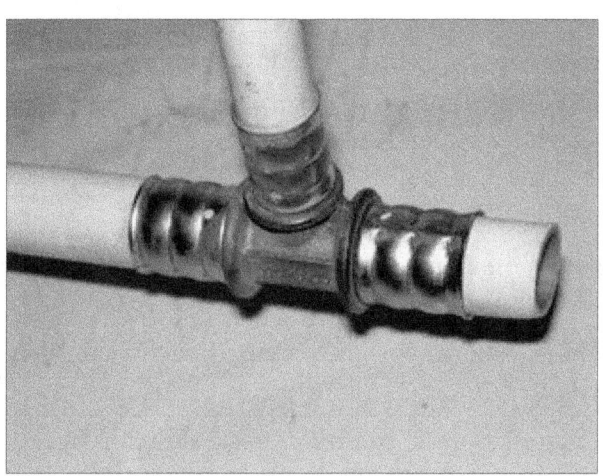

Anillo comprimido:

Las uniones mediante compresión se utilizan en tubos de Alpex y Polibutileno.

Primero se ensancha el tubo, se inserta la pieza de unión, y se comprime el anillo exterior mediante una prensa.

Brida:

Son dos platos que se comprimen, intercalando una junta de goma o cuero. El apriete es mediante tornillos y tuercas.

Están normalizadas por la UNE.

Unión Gibault:

Muy usada antiguamente en tuberías grandes. Consta de dos anillos con junta tórica, y tornillos que aproximan los anillos y comprimen las juntas.

Manguito desmontable:

También llamadas arpol, abrazan los dos tubos, comprimiendo un aro de goma, que la propia presión del agua hace que cierre.

Accesorios desmontables por compresión:

Muy utilizado en PE, cobre, acero, etc.

El tubo se introduce y al roscar el cierre, se comprime un anillo que sujeta el tubo, y una junta tórica que hace la estanqueidad.

Enchufe y cordón:

También llamadas de campana, ya que un tubo o el accesorio acaban en un ensanche con un anillo de goma interior.

El tubo a unir se engrasa, y se introduce por fuerza dentro de la campana.

El anillo de goma está diseñado para que la presión interior del agua mejore el cierre apretándolo sobre el tubo.

Son muy usadas en tuberías de fundición, fibrocemento, y PVC.

6.4. Uniones por termofusión

Las uniones por termofusión se aplican a los tubos de PE y PP.

La herramienta de calentamiento es pequeña, y puede sujetarse sobre el banco de trabajo. Lleva moldes calientes calibrados a los diámetros de los tubos.

Para unir dos tubos, hay que conocer el tiempo de calentamiento en segundos que requiere dicho tubo (en función de su diámetro).

Se aprietan los tubos sobre el molde el tiempo fijado, se sacan y se unen rápidamente.

También existen manguitos que incorporan una resistencia eléctrica interior, de forma que tras unir los tubos con el manguito, se conecta a un equipo alimentador, y tras esperar el tiempo marcado, quedan soldados.

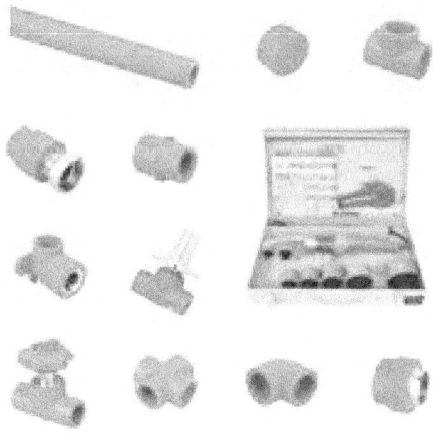

7. VALVULERÍA Y GRIFERÍA

Las valvulería sirve para regular el caudal o la presión del agua.

7.1. Llaves de corte: compuerta, asiento, esfera

Las llaves de corte de agua pueden ser de muchas clases.

Las hay que sólo sirven para cerrar y abrir el paso, y otras también para graduar el caudal.

Pueden agarrotarse por la cal, y en este caso deben maniobrarse con frecuencia, para mantenerlas limpias.

El asiento de cierre del paso de agua puede ser metálico o elástico, en cuyo caso será más seguro.

El accionamiento puede ser **manual o motorizado**.

Las llaves más usadas en fontanería son:

Llaves de bola o esfera:

Son llaves muy económicas, de buen cierre, pero también muy bruscas. Sólo en diámetros pequeños. No sirven para graduar el caudal, sólo para abrir o cerrar. Su cierre rápido provoca fuertes golpes de ariete.

Llaves de mariposa:

Se utilizan en diámetros medios y grandes. No va muy bien regulando el caudal, pero su cierre es muy seguro. El accionamiento manual puede ser por palanca o un reductor de sinfín.

Llaves de compuerta:

Son las más usadas en abastecimiento; de tamaños pequeños y medianos. Su cierre puede verse afectado por la cal. Gradúan bien el caudal.

Llaves de asiento plano o inclinado.

De tamaños pequeños y medianos. Se usan sobre todo para graduar el caudal con precisión. También provocan una elevada pérdida de carga.

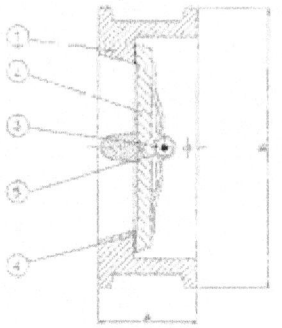

Válvulas de retención:

Sólo dejan pasar el caudal en un sentido, cerrando el paso en caso contrario.

Pueden ser de claveta oscilante, de bola, disco, etc.

Pueden sufrir roturas y no cerrar bien por la cal.

Válvulas reductoras de presión.

Reducen la presión del agua hasta un valor fijado aguas abajo.

Debido a la energía que disipan, están sujetas a fuerte desgaste.

Deben instalarse con llaves a ambos lados, para su reparación, así como tomas de presión para verificar su funcionamiento.

Ventosas.

Son purgadores del aire contenido en la instalación. Tienen un depósito con un flotador, que al bajar el nivel del agua, abren un orificio superior por el que sale el aire. Cuando les llega agua, sube el flotador y cierra el orificio.

Pueden ser bi–funcionales, si pueden evacuar grandes bolsas de aire y pequeñas burbujas.

Se instalan siempre en sitios elevados, y deben tener antes una llave de corte para poder repararlas.

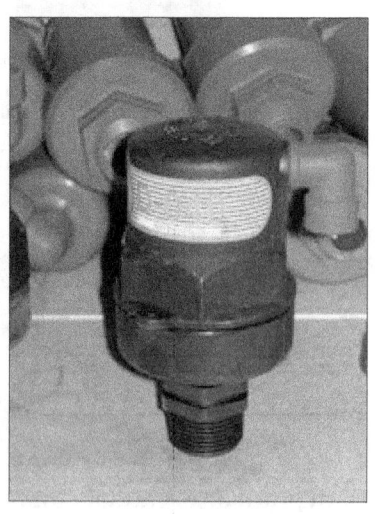

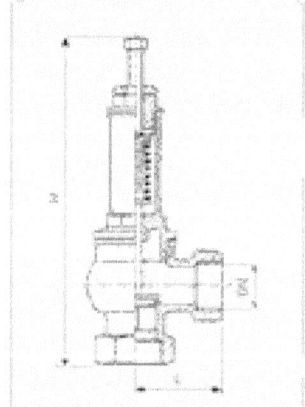

Válvulas de seguridad.

Son válvulas que abren un alivio en la tubería cuando la presión pasa de un determinado valor.

Se seleccionan en función de la presión máxima (3, 4, 6, 10 bar), y del diámetro o capacidad de descarga.

Válvulas de flotador.

Las válvulas de flotador regulan el nivel del agua en un depósito, abriendo y cerrando el paso para mantenerlo.

Pueden ser de acción proporcional o busca.

Válvulas pilotadas.

Son válvulas de corte de tipo asiento, pero con la membrana que produce el cierre gobernada por diversos mecanismos, de forma que pueden usarse como válvulas de regulación en función de:

* Caudal de paso.

* Volumen de agua circulado.

* Presión aguas arriba o aguas abajo.

* Presión diferencial, etc.

7.2. Grifería. Aparatos sanitarios

Los aparatos sanitarios normalmente se fabrican con porcelana o poliéster, llevan grifos o accesorios acoplados, para el servicio de agua fría y caliente, que llamaremos grifería.

Estos aparatos están construidos en latón o bronce, y tienen un aspecto exterior decorativo con acabados cromados, plateados y dorados.

Se unen a la instalación mediante unos enlaces flexibles que llamamos **latiguillos**.

Antes del latiguillo se instala una llave de corte, para poder aislarlos.

En muchas ocasiones incorporan un filtro de malla a la entrada, que puede obstruirse con el tiempo, o por la cal.

La grifería más frecuente es:

Grifos de asiento: se instalan en lavabos, fregaderos, pilas, etc. El elemento de cierre es un disco de goma llamado **soleta**, que hay que sustituir cuando se gasta.

Grifos de discos cerámicos: son más duraderos, y su cierre es rápido en 1/4 de vuelta. Los discos también se sustituyen.

Grifos monomando: llevan una palanca para abrir el agua fría y caliente, permitiendo una mezcla mejor que con dos llaves. El cierre es por discos cerámicos, que pueden sustituirse.

Grifo termostático: permite ajustar la temperatura del agua de salida, mezclando al agua fría y caliente mediante un sensor termosensible.

Grifo de bañera: puede ser monomado, de discos, termostático, etc. Permite dirigir el agua hacia la bañera, o hacia una salida flexible o "teléfono". No permite el retorno de agua desde el "teléfono".

Instalación de griferías:

Las griferías deben instalarse siempre a un nivel superior al de rebosamiento del aparato, de forma que nunca pueda retornar el agua al grifo por sifón.

El vertido del agua al aparato debe ser visto, nunca oculto.

El rebose del agua también debe de ser visto, y si es posible ser oído.

Si el caudal de agua a suministrar es importante, deben instalarse aparatos de dimensión suficiente para no producir ruidos ni vibraciones.

Los aparatos deben ser de fácil sustitución y mantenimiento, sobre todo en filtros y elementos de cierre.

7.3. Fluxómetros

Los flúxómetros o fluxores son aparatos finales que provocan un fuerte caudal, similar al de las cisternas de los inodoros.

Es un grifo de cierre automático por tiempo (5 a 10 segundos) que se utiliza en lugares públicos, para inodoros, urinarios y vertederos.

Su ventaja es la de eliminar las cisternas con sus ruidos de llenado, ser más rápidos, y ahorrar agua.

El problema de su uso radica en que el elevado caudal instantáneo que precisan, que hace que los diámetros de la instalación deban de ser superiores a los de las griferías normales.

Valores de referencia:

El volumen descargado medio es de 10 a 15 litros en inodoros, y 3 en urinarios.

El caudal de 1,5 a 2 l/s.

La presión mínima de '/ m.c.a.

Instalación:

Deben instalarse a unos 20 cm sobre la taza del inodoro.

La red de agua debe de ser independiente de la del resto de aparatos, y la salida al fluxor suele ser de 32 mm.

La red que alimenta a varios fluxores puede debe ser de 40 mm.

Para proporcionar el caudal instantáneo que requiere el fluxor, se puede realizar la instalación siguiente:

- Instalar la acometida, contador y tubo general dimensionado para el caudal de los fluxómetros.

- Instalar un grupo de presión adecuado y dimensionar la red interior.

- Instalar un depósito de aire a presión en la zona de los fluxores.

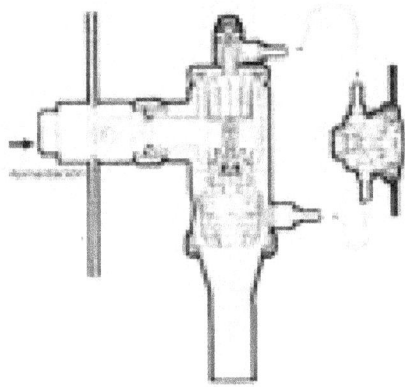

8. SOPORTES Y ELEMENTOS DE ANCLAJE

El anclaje de las tuberías a las paredes del edificio es una cuestión que tiene diversas consideraciones, debido a los problemas siguientes:

- El peso de la tubería llena de agua puede ser importante en diámetros grandes.

- El peso también es importante en las columnas o tubos ascendentes.

- Las dilataciones del material de la tubería pueden originar esfuerzos sobre los anclajes, sobre todo en los de agua caliente.

- Los esfuerzos estáticos por la presión, y los dinámicos que aparecen en los cambios de dirección.

- La transmisión de ruidos al edificio por la alta circulación del agua.

Los anclajes de tuberías deben permitir sobre todo la dilatación de la misma por los cambios de temperatura.

También es conveniente que exista un elemento flexible entre el soporte y la tubería, para evitar la transmisión de ruidos.

Los elementos más comunes de soporte son:

- Abrazaderas.

- Soportes en línea

    – Empotrados.

    – Atornillados.

    – Soldados.

- Bandejas.

Los elementos de fijación pueden ser abrazaderas metálicas, cintas perforadas, bridas de nylón, perfiles en ángulo, etc.

Si las tuberías van aisladas, el soporte debe realizarse sobre el aislamiento, para no interrumpirlo.

Anclajes para permitir las dilataciones:

En los cambios de dirección y derivaciones en Te, las sujeciones de la tubería deben distanciarse del codo o Te unas 20 veces el diámetro, para permitir la dilatación de la tubería (ver figura).

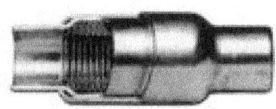

RESUMEN

Los suministros son instalaciones que toman agua de la red de distribución de agua potable de la población. Podemos clasificar los suministros según su uso: Doméstico. Público. Industrial. Refrigeración.

Retornos: Es cuando la red puede aspirar agua de un punto terminal de uso, y está totalmente prohibido. Para evitar esto, válvulas de retención.

Las instalaciones interiores de suministro de agua comprenden las siguientes instalaciones:

Acometida: es la parte pública de la instalación, la que discurre por terrenos municipales, desde la tubería de distribución de agua de la calle, hasta el límite de la propiedad, donde se instala una llave de corte general.

Tubo de alimentación: es el tubo que, partiendo de la llave de paso, lleva el agua hasta el distribuidor, o contador del abonado.

Contadores: son aparatos que miden el volumen de agua suministrada. Pueden ser: Generales o Divisionarios, y se instalan en baterías.

Baterías: las baterías de contadores se instalan en edificios con varias viviendas, y agrupan los contadores de varios usuarios.

Derivaciones individuales: son los tubos que ven desde el contador divisionario hasta la llave de paso de la instalación interior.

Instalación interior: Es la instalación particular de cada abonado, la que discurre por el interior de su vivienda o local. Está compuesta de:

Llave de paso del abonado, derivación particular, puntos de consumo: Aparatos sanitarios, grifos, etc.

Grupos de presión: los grupos de presión se instalan en edificios de altura, en los que el agua por la presión de la red no alcanza presión suficiente en los pisos elevados. Comprenden: depósito auxiliar, bombas y calderín.

Agua cliente sanitaria: la producción de agua caliente sanitaria (ACS) se puede producir mediante: calentadores instantáneos, calentadores acumuladores, o instalaciones centralizadas tipo colectivo

Materiales para tuberías: cobre, acero galvanizado, PVC, PE, Alpex

Uniones: soldadura blanda, fuerte, por arco, pegado, uniones por compresión, uniones por bridas, por enchufe y cordón.

Válvulas: de corte, de retención, reguladoras de presión, de flotador, ventosas, pilotadas, de seguridad.

Fluxómetros: los flúxómetros o fluxores son aparatos finales que provocan un fuerte caudal similar al de las cisternas de los inodoros.

Anclajes: consideran el peso de la tubería llena de agua, en las columnas o tubos ascendentes, las dilataciones, los esfuerzos estáticos por la presión, y los dinámicos que aparecen en los cambios de dirección.

CUESTIONARIO DE AUTOEVALUACIÓN

- Pregunta cuáles son las fuentes de abastecimiento de tu población. ¿Qué tipo de captaciones utiliza?

- Explica qué es una planta potabilizadora. ¿Qué diferencia hay con una planta depuradora?

- ¿Las redes ramificadas se reparan mejor que las malladas? Razónalo.

- Describe las instalaciones de enlace de tu finca. Acometida, tubo general, contadores...

- ¿Hay grupo de presión en tu finca? Descríbelo.

- ¿De qué material están realizadas las instalaciones interiores de tu casa? ¿Qué griferías tienes?

- ¿Qué material utilizarías para una tubería de impulsión de 200 mm, y 20 bar de presión? Razónalo.

- Describe cómo realizarías una instalación para el riego de un jardín. Contadores, materiales, etc.

PRÁCTICAS PROPUESTAS

- Trazar un plano con la instalación de la vivienda del alumno.

- Realizar planos de instalaciones en un restaurante.

- Montar un grupo de presión, con su depósito, calderín, presostato. Resolver su esquema eléctrico con dos bombas alternadas.

- Buscar catálogos de centralizaciones de contadores. Diseñar una centralización de 20 viviendas, en un cuarto de 2 x 2 m.

- Dibujar los componentes de un armario para instalar dos contadores.

INSTALACIONES DE AGUA
CÁLCULO DE INSTALACIONES DE AGUA

ÍNDICE

INTRODUCCIÓN

En esta Unidad Didáctica vamos a estudiar el dimensionado de los elementos de las instalaciones, de acuerdo con la Normativa y el buen funcionamiento de las mismas.

En la parte final realizaremos el cálculo completo de un edificio de viviendas, y otro de tipo público, como aplicación de los apartados anteriores.

En el Anexo se acompañan tablas y ábacos que hay que consultar para resolver rápidamente todos los supuestos de los ejemplos y de las prácticas.

1. CÁLCULO DE TUBERÍAS

1.1. Cálculo de tuberías. Accesorios

El agua al circular por las tuberías sufre un roce con las paredes, que le provoca una pérdida de presión o **"carga"**.

La pérdida depende la rugosidad interior de la tubería y de la velocidad de circulación del agua. A mayor velocidad de circulación se provoca mayor pérdida de carga, y también mayor ruido.

Por ello la velocidad en instalaciones de agua se debe de mantener entre:

- Velocidad mínima: 0,5 m/s, para evitar sedimentaciones.

- Velocidad máxima: 2 m/s (tuberías metálicas) y 3,5 m/s (tuberías de termoplásticos y multicapa).

Considerar también que en zonas residenciales (viviendas y hoteles), para evitar que se oiga ruido de circulación del agua, no debemos pasar de 1,5 m/s.

La pérdida de carga también se limita normalmente alrededor de 100 a 500 Pa/m. (0,05 m.c.a/m).

Cálculo mediante fórmulas:

La pérdida de carga puede ser unitaria, Ji, es decir la que resulta en 1 m de tubería, o la total, que resulta de multiplicar Ji por la longitud:

$Jt = Ji . L$

La pérdida de carga unitaria se calcula, entre otras, mediante la fórmula de **Flamant**:

$$Ji = K \times (V^7 \times D^5)^{1/4}$$

Siendo:

Ji = pérdida de carga en m/m de tubería.

K = coeficiente:

Tuberías nuevas 0,00074

Tuberías usadas 0,00092

D = diámetro interior.

Ejemplo:

Calcular la pérdida de presión en una tubería de 100 mm si circula agua a 2 m/s.

Ji = 0,00074 x $(2^7 \times 0,1^5)^{1/4}$ = 0.189 m/m; si L = 100 m

Jt = Ji . L = 0.189 x 100 = 18,9 m.

Cálculo mediante ábacos:

También se calcula mediante ábacos como los del Anexo del final del la Unidad.

Estos ábacos son diferentes para cada tipo de tubería (de acero, de cobre, de plástico, etc.).

En todos ellos tenemos las variables siguientes:

D = diámetro.

Q = caudal

V = Velocidad.

Ji = pérdida de carga por metro.

Entrando con dos variables encontramos un punto, y en él las otras dos variables. Lo más frecuente es conocer el caudal, adoptar una velocidad que suele estar comprendida entre 0,5 y 1,5 m/s, y encontrar el diámetro y la pérdida de carga unitaria.

Ejemplo:

Necesitamos conducir 0,5 L/s por una tubería de PP con una velocidad máxima de 1,2 m/s. Hallar el diámetro necesario.

Solución: entramos desde la izquierda con el caudal de 0,5 l/s y nos desplazamos horizontalmente hasta cruzar la línea de velocidad de 1,2 m/s. Este punto está comprendido entre las raya inclinadas de los diámetros de Ø32 y Ø40.

Adoptamos la tubería de Ø40 que es la mayor.

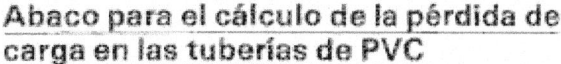

Abaco para el cálculo de la pérdida de carga en las tuberías de PVC

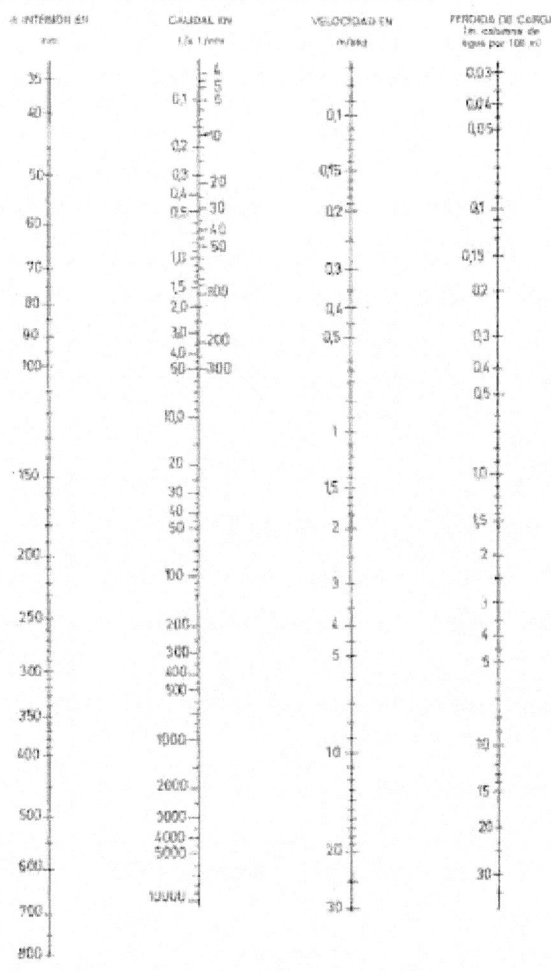

Pérdidas en accesorios

En los cambios de dirección y en los accesorios se produce una pérdida de presión adicional, debida a los choques y turbulencias generadas.

Esta pérdida de carga es complicada de calcular, pero se puede asimilar a una longitud de tubería que produzca la misma pérdida.

Es decir, lo que hacemos es sumar una longitud de tubería por cada accesorio, que llamaremos **longitud equivalente, Le**.

Esta longitud la sumaremos a la tubería.

Si la pérdida de carga unitaria calculada es de Ji, sabemos que la pérdida total es

$Jt = Ji \cdot L$; si hay accesorios sería:

$Jt = Ji \cdot (L + Le)$

En el Anexo al final de esta UD, se puede ver una tabla con las longitudes equivalentes de los accesorios más normales.

Ejemplo:

Una tubería de 2" tiene 100 m de longitud, cuatro codos y dos tes. Hallar su longitud total equivalente:

Con la tabla del Anexo, leemos para tubo de 2" 2,1= m; para Te = 3 m,

Longitud equivalente de accesorios: 4 . 2,1 + 2 . 3 = 14,4 m.

Longitud total = 100 + 14,4 = 144,4 m.

Presión total en un punto:

Recordemos de cada 10 m.c.a. equivalen a 1 bar.

Si la instalación de agua asciende en altura, la presión disponible disminuye en la misma cantidad de metros elevados.

Es decir si la presión inicial es de 4 bar (equivalente a 40 m.c.a), las pérdidas de carga en el tramo son de 5 m.c.a, y el punto final está elevado 15 metros, la presión final será:

$Pf = Pi - H - Jt$

$Pf = 40 - 15 - 5 = 20$ m.c.a = 2 bar.

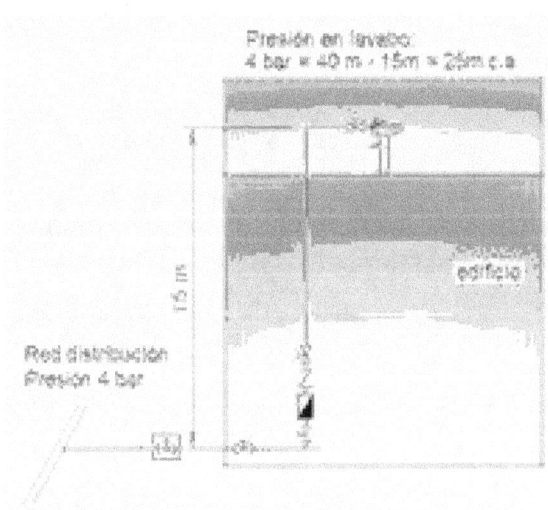

1.2. Cálculo por pérdida de carga constante

En una tubería con varios tramos, y diferentes caudales, si conocemos el caudal a transportar en cada tramo, podemos dimensionar las tuberías fijando una velocidad (por ejemplo, 1 m/s), y hallar cada diámetro con los ábacos.

Pero también podemos fijar una pérdida de carga unitaria constante (hacer una raya vertical en el ábaco), y entrando con los caudales, hallar los diámetros igualmente.

La ventaja de este sistema es que si todas las tuberías tienen la misma pérdida de carga unitaria, para hallar la pérdida de carga total de la tubería simplemente multiplicaremos la pérdida unitaria adoptada, por la longitud total de la instalación.

$$Jt = Ji \times \Sigma \, Li$$

1.3. Cálculo de redes ramificadas

Normalmente las tuberías tienen ramificaciones, y van derivando el caudal hacia los diferentes aparatos, de forma que cada vez la tubería transporta menos agua, y por lo tanto la podemos instalar de menor diámetro. Es lo que se llama una **red ramificada**.

Para calcular redes ramificadas, debemos ddibujar un esquema de la red de tuberías con los puntos de consumo y su caudal. Seguidamente numeramos los tramos ordenadamente.

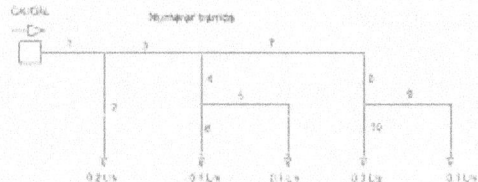

Recordemos que siempre que cambie el caudal, es un tramo distinto. Siempre aparecen dos nuevos tramos tras una derivación: uno en la rama principal y otro en la rama derivada.

A continuación deberemos sumar los caudales y anotar los resultantes en cada tramo. Si comenzamos por las ramas finales, iremos sumando caudales a medida que se unan ramas en un tronco común.

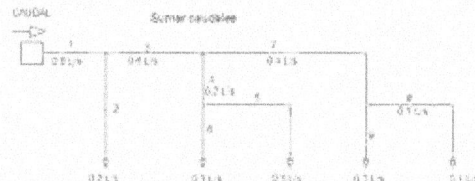

También podemos ayudarnos con una tabla como la siguiente:

Tramo N°	Caudal L/s	Diámetro Cálculo mm.	Diámetro adoptado	Longitud +acces. m.	Pérdida tramo mm.c.a	Pérdida acumulada mm.c.a
1	4,5	80	80	45	0,4	2,4

El caudal requerido por los aparatos lo veremos más adelante.

1.4. Redes malladas

En las redes malladas o anilladas el caudal que circula no está claro, y tampoco su sentido (hacia la derecha o hacia la izquierda).

El sistema de cálculo es muy complejo, y queda fuera de este libro.

Simplemente, diremos que estas redes se suelen realizar en instalaciones muy grandes, o de riego exterior, y se anillan las tuberías principales.

Se pueden calcular como ramificadas, y posteriormente unirse en algunos ramales, para dar más seguridad, mejorando en todo caso su funcionamiento, y permitiendo reparar un tramo dando servicio por el otro.

2. CÁLCULO DE INSTALACIONES INTERIORES

Para calcular las instalaciones interiores, deberemos primeramente conocer el caudal de los aparatos instalados.

Tomaremos el caudal medio de la tabla siguiente del CTE:

Tabla 2.1 Caudal instantáneo mínimo para cada tipo de aparato

Tipo de aparato	Caudal instantáneo mínimo de agua fría [dm^3/s]	Caudal instantáneo mínimo de ACS [dm^3/s]
Lavamanos	0,05	0,03
Lavabo	0,10	0,065
Ducha	0,20	0,10
Bañera de 1,40 m o más	0,30	0,20
Bañera de menos de 1,40 m	0,20	0,15
Bidé	0,10	0,065
Inodoro con cisterna	0,10	-
Inodoro con fluxor	1,25	-
Urinarios con grifo temporizado	0,15	-
Urinarios con cisterna (c/u)	0,04	-
Fregadero doméstico	0,20	0,10
Fregadero no doméstico	0,30	0,20
Lavavajillas doméstico	0,15	0,10
Lavavajillas industrial (20 servicios)	0,25	0,20
Lavadero	0,20	0,10
Lavadora doméstica	0,20	0,15
Lavadora industrial (8 kg)	0,60	0,40
Grifo aislado	0,15	0,10
Grifo garaje	0,20	-
Vertedero	0,20	-

En otros usos no incluidos en la tabla, por ejemplo una máquina de climatización, deberemos estudiar el aparato, o realizar una medida del caudal.

Cuartos húmedos:

Denominamos cuarto húmedo a aquel que tiene uno o más puntos de consumo de agua:

En la vivienda habitual, los cuartos húmedos son:

- Cocina: con fregadero y lavavajillas.

- Galería o terraza: con lavadero y lavadora.

- Cuarto de aseo: con ducha, lavabo e inodoro.

- Cuarto de baño: con bañera, lavabo, bidé e inodoro.

2.1. Caudal total

Para hallar el caudal de un tramo de tubería que alimenta a varios puntos de consumo, deberemos sumar los caudales de los aparatos **Qi**, para hallar el caudal total **Qt**:

$$Qt = \Sigma \, Qi$$

Sin embargo no es normal que todos los aparatos estén funcionando a la vez, sino que estén unos en marcha y otros parados.

Por ello podemos estimar un coeficiente de simultaneidad **k**, que se calcula en función del número de puntos n, mediante la fórmula:

$$K = 1 \, / \, (\sqrt{(n-1)})$$

El caudal punta **Qp** será el caudal total por el coeficiente de seguridad:

$$Qp = k \times Qt$$

Ejemplo: calcular el caudal punta de una tubería que sirve a cuatro cuartos de baño.

Los puntos de consumo de un baño son:

Aparato	Caudal l/s
Bañera	0,3
Lavabo	0,1
Bidé	0,1
Inodoro	0,1
Suma	0,6
Por 4 baños	2,4

Coeficiente de simultaneidad: número de puntos = 4 x 4 = 16 ud.

$K = 1/ \sqrt{(16-1)} = 0,447$

Caudal punta $Qp = k \cdot Qt = 0,447 \times 2,4 = 1,07 \, l/s$

Caudales punta de viviendas tipo:

Como ejercicio podemos calcular el caudal punta de las siguientes viviendas tipo:

1. Vivienda con una cocina y un cuarto de aseo.

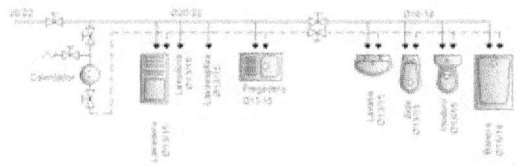

Esquema vivienda cocina + aseo

Aparato	Caudal l/s
Ducha	0,2
Lavabo	0,1
Inodoro	0,1
Fregadero	0,2
Lavavajillas	0,15
Lavadero	0,2
Lavadora	0,2
Suma	1,15
Coef. k para 7 puntos	0,41
Caudal punta	0,47

2. Vivienda con una cocina y un cuarto de baño.

Aparato	Caudal l/s
Bañera	0,3
Bidé	0,1
Lavabo	0,1
Inodoro	0,1
Fregadero	0,2
Lavavajillas	0,15
Lavadero	0,2
Lavadora	0,2
Suma	1,35
Coef. k para 8 puntos	0,38
Caudal punta	0,51

3. Vivienda con una cocina, cuarto de baño y un cuarto de aseo.

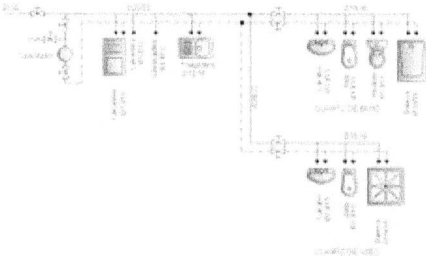

Esquema vivienda cocina + aseo + baño

Aparato	Caudal l/s
Bañera	0,3
Bidé	0,1
Lavabo	0,1
Inodoro	0,1
Ducha	0,2
Lavabo	0,1
Inodoro	0,1
Fregadero	0,2
Lavavajillas	0,15
Lavadero	0,2
Lavadora	0,2
Suma	1,75
Coef. k para 11 puntos	0,32
Caudal punta	0,55

4. Vivienda con una cocina y dos cuartos de baño.

Aparato	Caudal l/s
2 Bañeras	0,6
2 Bidés	0,2
2 Lavabos	0,2
2 Inodoros	0,2
Fregadero	0,2
Lavavajillas	0,15
Lavadero	0,2
Lavadora	0,2
Suma	1,95
Coef. k para 12 puntos	0,30
Caudal punta	0,59

5. Vivienda con cocina, dos cuartos de baño y uno de aseo.

Aparato	Caudal l/s
2 Bañera	0,6
1 Ducha	0,2
2 Bidés	0,2
3 Lavabos	0,3
3 Inodoros	0,3
Fregadero	0,2
Lavavajillas	0,15
Lavadero	0,2
Lavadora	0,2
Suma	2,35
Coef. k para 15 puntos	0,27
Caudal punta	0,62

Caudal punta de varias viviendas:

En el caso de tuberías que suministren a varias viviendas, como colectores verticales de edificios, o redes privadas en urbanizaciones, podemos calcular el caudal medio de cada vivienda, y calcular un coeficiente de simultaneidad k en función del número de viviendas, con la misma fórmula.

El caudal de cada tramo será la suma de los caudales punta de las viviendas, multiplicado por el coeficiente de simultaneidad.

$$K = 1 / \sqrt{(\text{viviendas} - 1)}$$

$$Qp = \Sigma\ Qp(\text{vivienda}) \times k$$

Caudal punta de un edificio residencial:

En este caso sumaremos el total de aparatos, mediante una tabla como la siguiente:

Bañeras (0,3 l/s)	Fregaderos (0,2 l/s)	Lavabos Inodoros Bidés (0,1 l/s)	Otros	Caudal total l/s	Coeficiente $K=1/\sqrt{(n-1)}$	Caudal punta l/s
30	30	60		21	0,091	1,91

Algunos autores recomiendan que el coeficiente de seguridad no debe ser inferior a 0,2, pero el CTE deja a criterio del proyectista o instalador su valor conociendo el tipo de instalación y su uso.

Como criterio de seguridad se pueden tomar los coeficientes de seguridad mínimos siguientes:

- Uso doméstico 0,05

- Uso residencial 0,1

- Uso público 0,2

No obstante en cada caso hay que estudiar si se pueden producir aglomeraciones en los usuarios, que denominaremos **puntas de consumo**, y ver el número de puntos que se pueden sumar a la vez.

2.2. Acometida. Llaves

Para calcular la acometida deberemos primero calcular el caudal punta del edificio, o utilizar la tabla de diámetros mínimos 4.3 del CTE.

Tabla 4.3 Diámetros mínimos de alimentación

Tramo considerado	Diámetro nominal del tubo de alimentación	
	Acero (")	Cobre o plástico (mm)
Alimentación a cuarto húmedo privado: baño, aseo, cocina.	¾	20
Alimentación a derivación particular: vivienda, apartamento, local comercial	¾	20
Columna (montante o descendente)	¾	20
Distribuidor principal	1	25
Alimentación equipos de climatización	< 50 kW	½	12
	50 - 250 kW	¾	20
	250 - 500 kW	1	25
	> 500 kW	1 ¼	40

Es decir, estos diámetros que indica el CTE son los mínimos que hay que instalar en cada tipo de suministro, pero si por cálculo nos resulta mayor, podemos debemos instalarlo mayor.

Debemos calcular la tubería con una velocidad máxima de 2 m/s en tubos metálicos, y de 3 en tubos termoplásticos.

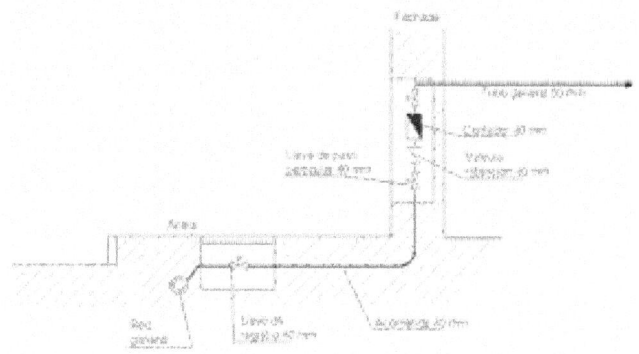

En alguna ocasiones la acometida la realiza la empresa suministradora, por lo que el diámetro lo fija ella, hasta la llave de registro.

Las llaves a situar en la acometida deben ser del mismo diámetro que ella, y ser de paso libre, es decir de tipo compuerta o esfera, para que provoquen el mínimo de caída de presión.

2.3. Tubo de alimentación. Simple. Derivado. Llaves

El tubo de alimentación o general debe dimensionarse igual que la acometida, es decir con la tabla 4.3 del CTE-HS4, o mediante cálculo por velocidad máxima del agua.

Si el tubo de alimentación tiene derivaciones, deberemos calcular cada tramo en función de su caudal máximo, y el coeficiente de simultaneidad que resulte de los suministros a servir.

Ejemplo: si un edificio tiene 3 plantas, y en cada planta se va a instalar una batería con 10 contadores para viviendas con cocina y un baño, el cálculo sería:

Caudal total por vivienda: 1,4 l/s, puntos por vivienda 8

Tramo 1: Inicio, 30 viviendas, caudal total 30 . 1,4 = 42 l/s;
n = 30 . 8 = 240 puntos

Tramo 2: Planta 1, 20 viviendas, caudal total 20. 1,4 = 28 l/s;
n = 20. 8 = 160 puntos

Tramo 3: Planta 2, 10 viviendas, caudal total 10. 1,4 = 14 l/s;
n = 10. 8 = 80 puntos

Tramo N°	Caudal L/s	Coef. K	Caudal punta L/s	Diámetro Int. Mm	Longitud +acces. M	Pérdida tramo mm.c.a	Pérdida acumulada mm.c.a
1	42	0,064	2,69	60	45	0,4	2,4
2	28	0,079	2,21	50			
3	14	0,112	1,57	40			

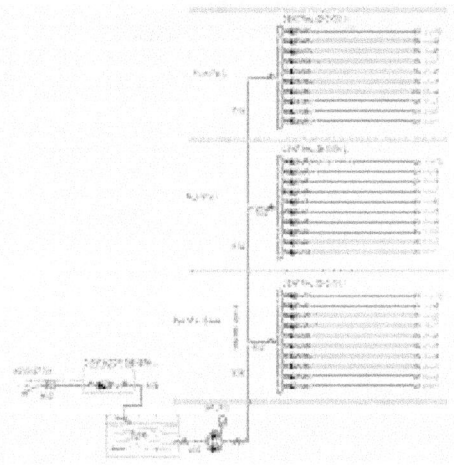

2.4. Contador general. Contadores divisionarios

El diámetro del contador general o divisionario viene marcado por las condiciones particulares de cada empresa suministradora, de acuerdo con el caudal punta calculado en el suministro.

Como referencia, podemos tomar lo indicado en la tabla siguiente:

Suministro	Caudal punta l/	Ø Contador mm
Vivienda 1 a 3 baños	0,5 a 1,5	15
Vivienda + 3 baños	2 a 3	20
Local comercial, trastero	0,5 a 1	13
Edificio	3 a 4	40
Edificio	4 a 5	50
Edifico	5 a 6	60
Red de incendios	10	80

En general deberemos buscar en el en catálogo de contadores el caudal normal que soporta, con una precisión del 1%.

Los contadores para red de incendios deben ser de 80 mm como mínimo, y además de paso libre tipo proporcional o de hélice.

Los contadores de gran diámetro son usados en abastecimiento o en riego, y suelen ser de tipo electromagnético, pues al tener el paso completamente libre no se atascan.

El tamaño de la arqueta o armario para el contador general viene establecido en el CTE-HS4 con la tabla siguiente:

Dimensiones en mm	Diámetro nominal del contador en mm										
	Armario					Cámara					
	15	20	25	32	40	50	65	80	100	125	150
Largo	600	600	600	900	1300	2100	2100	2200	2600	3000	3000
Ancho	500	500	500	500	600	700	700	800	800	800	800
Alto	200	200	300	300	500	700	700	800	900	1000	1000

Tabla 4.1 Dimensiones del armario y de la cámara para el contador general

2.5. Montantes

Los montantes pueden ser:

- En caso de instalar contadores divisionarios por planta, son partes de tubo general de alimentación, y los calcularemos como tal.

- En caso de contadores centralizados en planta baja, los montantes son derivaciones particulares, es decir los grupos de tubos que unen cada contador particular con las viviendas.

Los calcularemos con el caudal punta del suministro, teniendo en cuenta que su longitud puede ser grande, y por lo tanto también la pérdida de carga provocada.

En viviendas el diámetro mínimo debe ser 20 mm.

Si no hay grupo de presión, cuando la longitud supere los 30 m, deberemos aumentar el diámetro a 26 mm.

Si hay grupo de presión, deberemos ajustar la presión para que compense la derivación de mayor pérdida de carga.

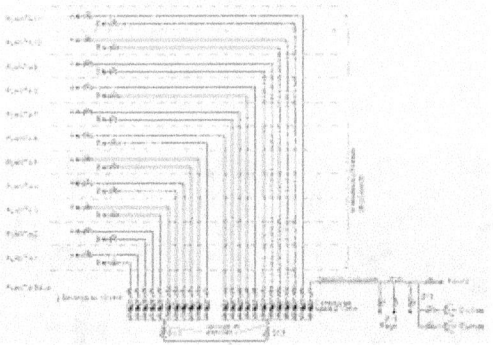

2.6. Derivación de suministro

Es la tubería general que recorre el interior del suministro derivando a los respectivos cuartos húmedos.

En vivienda debe ser como mínimo de 20 mm.

La calcularemos por tramos, y en cada uno:

Calculamos el caudal total en función de los aparatos conectados.

Calculamos el coeficiente de simultaneidad en función del número de puntos.

Hallamos el caudal punta del tramo, y adoptamos un diámetro cuya velocidad esté como máximo a 2 m/s. El diámetro mínimo debe ser 20 mm.

El la tabla siguiente del CTE-HS-4 se indican los diámetros mínimos:

Tabla 4.3 Diámetros mínimos de alimentación

Tramo considerado		Diámetro nominal del tubo de alimentación	
		Acero (")	Cobre o plástico (mm)
Alimentación a cuarto húmedo privado: baño, aseo, cocina		¾	20
Alimentación a derivación particular: vivienda, apartamento, local comercial		¾	20
Columna (montante o descendente)		¾	20
Distribuidor principal		1	25
Alimentación equipos de climatización	< 50 kW	½	12
	50 - 250 kW	¾	25
	250 - 500 kW	1	25
	> 500 kW	1 ¼	32

Tuberías de ACS. Retorno:

Para las tuberías de agua caliente sanitaria se seguirá el mismo método de cálculo que para el agua fría, siendo sus diámetros normalmente iguales en ambas tuberías.

El tubo de retorno es una tubería que conecta el último punto de consumo de ACS con el depósito de almacenamiento, y mediante una pequeña bomba circuladora, hacemos que un caudal circule de vuelta al acumulador. De esta forma las tuberías se mantienen calientes, y cuando un usuario abre un grifo le llega en seguida el agua caliente.

El tubo de retorno se dimensiona calculándolo para un caudal del 10% del caudal total de la tubería de ACS.

El diámetro mínimo ha de ser 16 mm.

En el CTE-HS-4, se indican los diámetros aproximados de los tubos de retorno, según el caudal a recircular.

Tabla 4.4 Relación entre diámetro de tubería y caudal recirculado de ACS

Diámetro de la tubería (pulgadas)	Caudal recirculado (l/h)
½	140
¾	300
1	600
1 ¼	1.100
1 ½	1.800
2	3.300

2.7. Derivaciones aparatos

Cada aparato tiene uno o dos tubos que lo alimentan, y su diámetro en general se elige en función de su caudal.

En la tabla siguiente del CTE se indican los diámetros de las derivaciones a los aparatos:

Aparato o punto de consumo	Diámetro nominal del ramal de enlace	
	Tubo de acero (")	Tubo de cobre o plástico (mm)
Lavamanos	½	12
Lavabo, bidé	½	12
Ducha	½	12
Bañera <1,40 m	¾	20
Bañera >1,40 m	¾	20
Inodoro con cisterna	½	12
Inodoro con fluxor	1- 1 ½	25-40
Urinario con grifo temporizado	½	12
Urinario con cisterna	½	12
Fregadero doméstico	½	12
Fregadero industrial	¾	20
Lavavajillas doméstico	½ (rosca a ¾)	12
Lavavajillas industrial	¾	20

Tabla 4.2 Diámetros mínimos de derivaciones a los aparatos

3. CÁLCULO DE INSTALACIONES SINGULARES

Las instalaciones de suministro de agua pueden realizarse para instalaciones singulares, como piscinas, fuentes, riego de jardines, instalaciones de lavado industrial, etc.

El cálculo en todo caso consistirá en fijar el caudal máximo de agua de los aparatos o puntos, y en establecer unos coeficientes de simultaneidad que nos deben indicar el uso de la instalación, o la experiencia.

3.1. Redes particulares. Cálculo por suministros

Si debemos dimensionar una red de abastecimiento particular, como por ejemplo una urbanización con calles privadas, deberemos calcular primeramente los consumos punta de los suministros, por ejemplo:

10 viviendas a 1 l/s, k = 0,33; Qp =   3,3 l/s

2 comerciales a 0,5 l/s   1,0 l/s

Riego jardines   0,5 l/s

                              Total   3,8 l/s.

En este caso consideramos una simultaneidad en las viviendas, y ninguna en los comerciales y en el riego.

3.2. Edificios públicos. Por puntos de consumo

En grandes edificios públicos suelen existir aseos con muchos puntos de agua, lavabos, urinarios, etc.

Si existen fluxores, se realizará una red independiente para ellos, separada de la red del resto de aparatos.

La red la dimensionaremos por tramos, sumando el caudal de los puntos de consumo, estableciendo un coeficiente de simultaneidad, etc.

Hay que tener en cuenta si el uso de la instalación puede provocar aglomeraciones, como en estadios de deporte, en los que durante los descansos acude mucho público a usar los servicios. En este caso podemos establecer un coeficiente de simultaneidad mínimo de 0,1.

3.3. Redes con fluxómetros

Las redes con fluxómetros se deben dimensionar igual que la redes normales, pero teniendo en cuenta que los altos caudales que provocan los fluxores implicarán unos diámetros mucho mayores.

Una solución que se realiza con frecuencia es instalar un depósito acumulador con aire a presión en el cuarto donde estén instalados los fluxores.

El depósito llevará una entrada de agua del diámetro de la derivación del suministro, con una válvula de retención a la entrada. La salida será a la red de fluxores, con un diámetro mayor.

De esta forma al descargar un aparato con fluxor, el depósito será el que suministre el fuerte caudal punta necesario, y recargándose después lentamente con el caudal normal de la red interior.

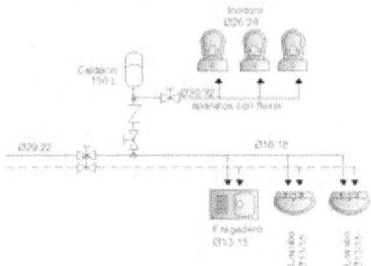

Esquema red fluxores con depósito aire

3.4. Cálculo del grupo de presión

Los esquemas habituales que contempla el CTE-HS4 con grupos de presión son:

ESQUEMA GENERAL DE GRUPO DE PRESIÓN CONVENCIONAL

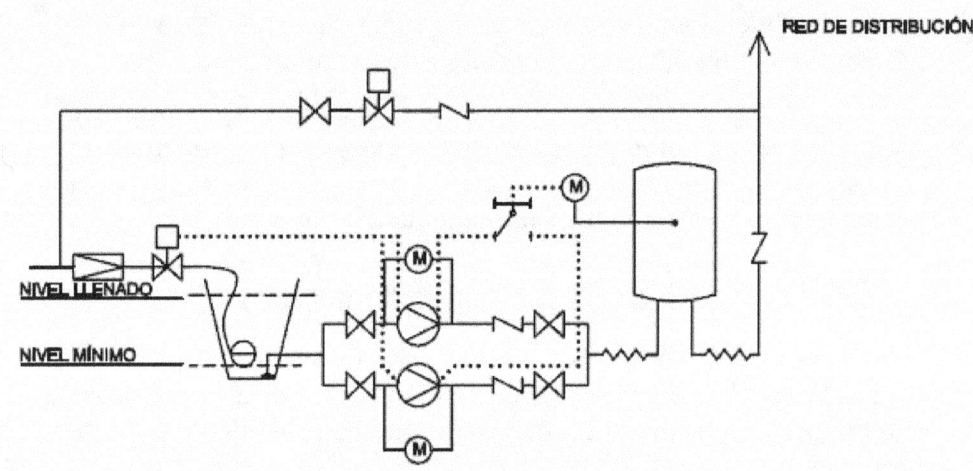

ESQUEMA GENERAL DE GRUPO DE PRESIÓN DE CAUDAL VARIABLE

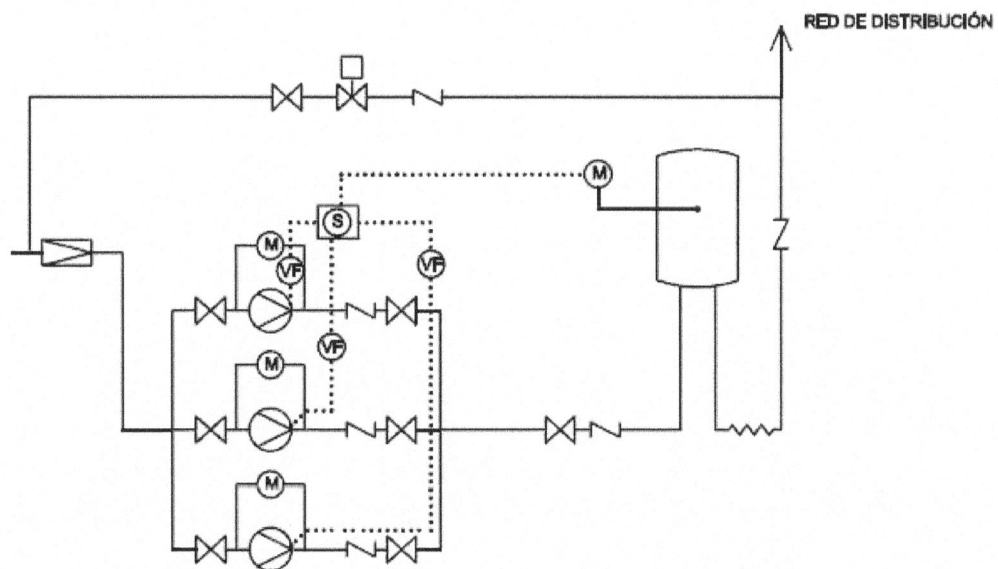

En la UD-2 se detalló el cálculo de los diferentes elementos del grupo de presión: depósito auxiliar, bombas, calderín, etc.

Calcularemos los puntos siguientes:

Presiones:

Mínima = Altura edificio + 15 m.

Máxima = presión mínima + 20 m.

Caudal:

El caudal punta del edificio según cálculo de acometida.

Depósito auxiliar:

Volumen = Q x t ; t = 15 minutos de funcionamiento; 15 x 60 = 930 L.

Calderín de membrana:

Si se instalan calderines de membrana y varias bombas en paralelo se utiliza la expresión:

$$V = (0,625 \times Q \times Pm) / (60 \times n)$$

Siendo:

V = volumen del calderín

Q = caudal en l/s.

Pm = presión máxima absoluta en bar

n = N° de bombas

El CTE-HS4 da la expresión:

$$Vn = Pb \times Va \ / \ Pa \ (4.2)$$

Siendo:

Vn = volumen del calderín en litros.

Pb = presión absoluta mínima.

Va = volumen mínimo de agua.

Pa = presión absoluta máxima.

Recordemos que las presiones absolutas son iguales a las presiones anteriores más 1 bar.

El volumen mínimo de agua se define como el que mantiene una bomba funcionando durante 1 minuto. Va = Qb1 (l/s) . 1

Potencia de las bombas:

Para hallar la potencia de las bombas utilizaremos la expresión:

$$P = Q \times g \times H \ / \ \delta$$

Siendo

P = potencia del motor en watios.

Q caudal total en l/s

g = 9,81 m/s2

H =   Presión máxima en m.c.a

δ = rendimiento conjunto bomba – motor (entre 0,5 y 0,6).

Si instalamos dos bombas la potencia de cada una será la mitad.

4. EJEMPLO DE CÁLCULO DE UNA INSTALACIÓN

4.1. Edificio de viviendas

Datos de partida:

Planos de un edificio de 12 viviendas, compuesto de:

- Planta sótano dedicada a trasteros. 1 suministro para limpieza.

- Planta semisótano con 7 locales comerciales (1 aseo).

- Planta baja con 4 oficinas (1 aseo):

- Plantas 1 a 4 con 3 viviendas por planta, con cocina, aseo y baño. Total 12 viviendas.

Total: 12 viviendas + 11 locales + 1 limpieza. = 24 suministros.

Contadores divisionarios instalados en batería en planta baja.

Planos:

En el Anexo de esta UD se pueden ver los planos del edificio.

Cálculo:

Caudal de una vivienda:

Aparato	Caudal l/s
Bañera	0,3
Lavabo	0,1
Bidé	0,1
Inodoro	0,1
Fregadero	0,2
Lavavajillas	0,1
Lavadero	0,2
Lavadora	0,2
Suma	1,4
Coef. k para 8 puntos	0,38
Caudal punta	0,53

Caudal de un local comercial con un aseo:

Aparato	Caudal l/s
Lavabo	0,1
Inodoro	0,1
Suma	0,2
Coef. k para 2 puntos	1
Caudal punta	0,2

Caudal total edificio:

12 viviendas x 1,4 + 11 locales x 0,2 + limpieza 0,2 = 19,2 l/s

Caudal punta:

Coeficiente para: 12 x 8 + 11 x 2 + 1 = 119 puntos

$K = 1/ \sqrt{118} = 0,092$

$Qp = 0,092$ x 19,2 = 1,77 l/s

Adoptamos Qp = 2 l/s (por más seguridad)

Acometida:

Con una velocidad máxima de 2 m/s adoptamos los diámetros siguientes:

Escalera	Caudal punta l/s	Diámetro mm	Velocidad m/s
1	2	40	1,9

Tubo general:

Con una velocidad máxima de 1,5 m/s adoptamos los diámetros siguientes:

Escalera	Caudal punta l/s	Diámetro mm	Velocidad m/s
1	2	50	1,9

Derivaciones a suministros:

Con una velocidad máxima de 1,5 m/s adoptamos los diámetros siguientes:

Suministro	Caudal punta l/s	Diámetro mm.	Velocidad m/s
Local	0,2	20	1,9
Vivienda	1,4	20	

Contadores:

Según normas de la compañía suministradora:

- Viviendas: 15 mm.

- Locales comerciales: 13 mm.

Cálculo de la pérdida de presión:

Realizamos el cálculo para la vivienda 4° A, que es la más alejada.

Utilizamos una hoja de cálculo de en la que vamos introduciendo el número de puntos de consumo, y se calcula automáticamente el caudal punta, y la pérdida de presión:

CÁLCULO DE RED INTERIOR FONTANERIA

© Rafael Ferrando

ABREVIATURAS

IN = Inodoro	BA= Bañera
LA = Lavabo	RI = Riego
DU = Ducha	FU= Fuente
FR= Fregadero	BI = Bide

Rama	Denomin	N° de aparatos servidos				Caudal	Coef.	Caudal	Diámetro	Vel.	Long.	Perdida	P. Acum
		LA/BI/IN	DU/FR	BA	RI/FU	Qt l/s	Simult.	Qp l/s	int mm.	m/s	mts.	m.c.a	m.c.a
1	Acometida	94	48	12	0	22,6	0,08	1,83	40,00	1,45	1	0,05	0,05
2	Tubo alimemt.	94	48	12	0	22,6	0,08	1,83	50,00	0,93	5	0,09	0,14
3	Dcrivació 4A	6	3	1	0	1,5	0,33	0,50	20,00	1,59	22	3,05	3,19
4	Deriv a baño	3	0	1	0	0,6	0,58	0,35	20,00	1,10	15	1,10	4,28
5	Deriv a bañera		0	1	0	0,3	1,00	0,30	20,00	0,96	4	0,23	4,51

Por lo tanto, la máxima pérdida de carga en el punto más alejado de la instalación es de 4,5 m.c.a.

La presión mínima en la vivienda 4° A será:

40 m.c.a. (red) – 15 (altura planta 4) – 4,5 (pérdidas) = 30,5 m.c.a. > 15 m.c.a.

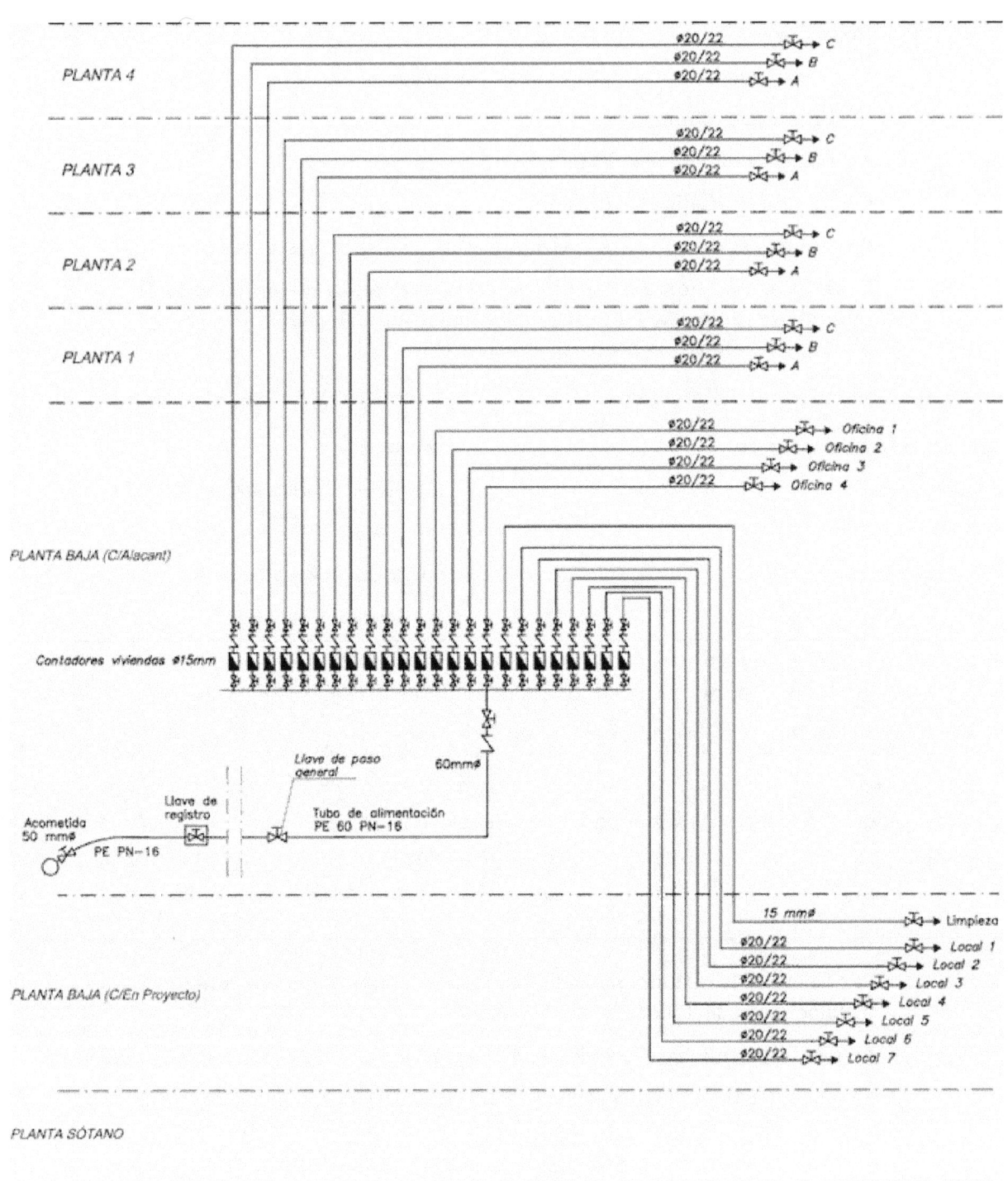

Esquema hidráulico edificio de viviendas

128

4.2. Edificio público

Vamos a calcular la instalación de un edificio público destinado a hotel.

Se trata de un edificio de compuesto de:

- Planta sótano destinada a almacenes, instalaciones y aseos públicos.

- Planta baja con recepción, cafetería y dos oficinas.

- Planta 1 a 4 con 7 habitaciones por planta. Total 28 habitaciones.

- Planta 5 con piscina y dos aseos.

- Un local comercial con suministro independiente.

- Red de incendios.

En el Anexo de esta UD se aportan los planos completos del hotel, y su esquema hidráulico.

Cálculo de caudales:

1 Habitación:

Bañera + bidé + lavabo + inodoro = 0,6 l/s

K = 0,58; Qp = 0,58 x 0,6 = 0,35 l/s

Para calcular los diámetros utilizaremos una hoja de cálculo en la que vamos introduciendo los puntos de consumo de cada tramo, y elegimos los diámetros para que la velocidad esté comprendida entre 0,5 y 1,5 m/s.

Los puntos totales de consumo son:

Bañeras = 28

Lavabos = 28 + 4(sótano) + 2 (terraza) + 2 (oficinas) = 36

Inodoros = 28 + 3(sótano) + 2 (terraza) +2 (oficinas) = 35

Bidés = 28

Ducha = 1 (sótano)

Fregaderos = 2 (cafetería)

Denomin	N° de aparatos servidos				Caudal	Coef.	Caudal	Diámetro	Vel.	Long.	Ji	Jt
	LA/BI/IN	DU/FR	BA	RI/FU	Qt l/s	Simult.	Qp l/s	int mm.	m/s	m	m.c.a	m.c.a
Acometida	99	3	28	0	18,9	0,09	1,66	40,00	1,32	3	0,13	0,13
Tubo alimemt.	99	3	28	0	18,9	0,09	1,66	60,00	0,59	25	0,15	0,28
a cafetería	0	2	0	0	0,4	1,00	0,40	20,00	1,27	15	1,41	1,69
a oficinas	2	0	0	0	0,2	1,00	0,20	20,00	0,64	5	0,14	1,83
a planta 1	88	0	28	0	17,2	0,09	1,60	60,00	0,57	20	0,12	1,94
a planta 2	67	0	21	0	13	0,11	1,39	60,00	0,49	3	0,01	1,96
a planta 3	46	0	14	0	8,8	0,13	1,15	40,00	0,91	3	0,07	2,02
a planta 4	25	0	7	0	4,6	0,18	0,83	40,00	0,66	3	0,04	2,06
a planta 5	4	0	0	0	0,4	0,58	0,23	20,00	0,74	3	0,11	2,17
Planta habit	21	0	7	0	4,2	0,19	0,81	38,00	0,71	1	0,02	2,08
P.hab a-b	18	0	6	0	3,6	0,21	0,75	38,00	0,66	2	0,03	2,10
P.hab b-c	12	0	4	0	2,4	0,26	0,62	38,00	0,55	5	0,05	2,15
P.hab c-d	9	0	3	0	1,8	0,30	0,54	26,00	1,02	10	0,46	2,61
P.hab d-e	6	0	2	0	1,2	0,38	0,45	26,00	0,85	10	0,34	2,95
P.hab e-f	3	0	1	0	0,6	0,58	0,35	20,00	1,10	5	0,37	3,31

CÁLCULO DE RED INTERIOR FONTANERIA

REFERENCIA   Hotel

© Rafael Ferrando

ABREVIATURAS

IN = Inodoro   BA= Bañera

LA = Lavabo   RI = Riego

DU = Ducha   FU= Fuente

FR= Fregadero

La pérdida de carga en el punto más desfavorable es de 3,31 m.c.a.

Grupo de presión:

Presiones:

Altura edificio sótano a Pl.5 = 22 m.

Mínima: 15 m.c.a + 22 + 3,3 (Jt) = 40,3 m.c.a.

Máxima: mínima + 20 = 40,3 + 20 = 60,3 m.c.a.

Caudal punta: el de la tabla = 1,66 l/s; adoptamos un grupo de 2 l/s.

Depósito auxiliar: para 15 minutos a 2 l/s;

Volumen = Q x t = 15 x 60 x 2 = 1.800 L

Adoptamos un total de 4 m³ para una mayor seguridad

Calderín de membrana:

Vn = Pb x Va / Pa (4.2)

Siendo: Pb es la presión absoluta mínima = 40,2 +10 = 50,2

Va es el volumen mínimo de agua = 400 L;

Pa es la presión absoluta máxima = 60,3 + 10 = 70,3

Vn = 50,2 x 100 / 70,2 = 266 L

Adoptamos un depósito e300 L.

Potencia de las bombas:

P = Q g h / rendimiento = 2 x 9,8 x 60,3 / 0,55 = 2.145 W.

Como instalamos dos bombas P = 2.145 / 2 = 1,072W (2 CV)

5. CÁLCULO DE INSTALACIONES DE SANEAMIENTO

5.1. Tuberías de fecales. Unidades de descarga

En la UD 1 se trató el cálculo de instalaciones de saneamiento, mediante el método de las unidades de descarga.

Calcularemos el saneamiento del edificio de viviendas anterior mediante el proceso siguiente:

1. Situamos las bajantes en los huecos previstos por el arquitecto, y las numeramos correlativamente, F1, F2, F3....

2. Realizamos la tabla siguiente para sumar las unidades de descarga:

Bajante n°	Baños 7 Ud	Aseos 6 Ud	Cocinas 3 Ud	Lavaderos 3 Ud	Total Ud descarga	Diámetro mm.
1			4	4	24	93
2	4				28	110
3	4				28	110
4			4	4	24	93
5	8				56	110
6	4				56	
7	4				28	110
8			4	4	24	93
				Suma	268	

3. Los diámetros los obtenemos de la tabla 4.4 del CTE-HS5 "Salubridad".

    Elegimos diámetro 110 siempre que haya un inodoro.

4. Dimensionamos las ventilaciones mediante la tabla 4.10 del CTE-HS5, aunque no se precisa ventilación secundaria ya que el edificio no tiene más de 7 plantas:

    Entramos por la izquierda con el diámetro de la bajante.

    Nos colocamos en la fila de las unidades de descarga que tiene asignadas (mayor).

    Nos desplazamos hacia la derecha, hasta la longitud de la bajante (en nuestro caso son 4 . 3 + 4 + 4 = 18 m.

Resulta una ventilación de diámetro 65 para los inodoros. Para las cocinas no hace falta.

5. Los colectores horizontales los calculamos tramo a tramo sumando las unidades de descarga de cada bajante, y eligiendo los diámetros con la tabla 4.3 del CTE-HS5, con una pendiente del 2 al 4%.

Por ejemplo el desagüe general del edificio recogerá un total de:

Pisos = 268 Ud.

Locales: 11 x 6 (cuarto de aseo) + Limpieza 3 Ud = 69 Ud.

Suma edificio = 337 Ud

Con una pendiente del 2% elegimos un diámetro de 125.

5.2. Tuberías de pluviales. Caudales por superficie cubierta

Vamos a calcular la red de pluviales del edificio de viviendas anterior, con los pasos siguientes:

1. Numeramos las bajantes de pluviales.

2. Calculamos la superficie de recogida de cada bajante y rellenamos una tabla como la siguiente:

Pluvial n°	Superficie m²	Sumidero	Diámetro bajante mm
1	67	2	63
2	74	2	63
3	84	2	63
4	73	2	63
Suma	298		

Los diámetros los asignamos de utilizando la tabla 4.8 del CT-HS5, para un régimen de 100 mm/h de lluvia.

3. Los colectores horizontales los calculamos sumando superficies de las bajantes que confluyen, y utilizando la tabla 4.9 del CT-HS5 , con una pendiente del 2%:

Colector general: Superficie = 298, con pendiente 2%; diámetro = 110 mm.

6. CÁLCULO DE INSTALACIONES DE AGUA CONTRA INCENDIOS

Las instalaciones contra incendios utilizan agua para:

Hidrantes: son tomas de agua situadas en las calles, para que los bomberos puedan tomar un caudal para sus equipos de extinción.

Bocas de incendio equipadas: son equipos para luchar contra los incendios mediante un chorro de agua pulverizada. Constan de:

- Armario.

- Rollo de manguera de 25 m. con una lanza en la punta de 25 ó 45 mm Ø.

- Llave de paso con manómetro.

Rociadores de agua: se sitúan en los techos o paredes y provocan una lluvia de agua que apaga el incendio. Se sitúan en malla espaciados unos 4 m.

6.1. Acometidas, depósitos, grupos de presión

La acometida para las instalaciones contra incendios debe ser independiente de la de agua potable, por motivos sanitarios, ya que tanto los materiales como el agua no garantizan la calidad necesaria, y siempre hay que tener precaución en evitar que esta agua pueda retornar a la red.

Según el Reglamento de Instalaciones Contra Incendios RD 1942/93 el sistema debe funcionar durante 2 horas:

- En instalaciones con BIEs deben funcionar dos a la vez, con una presión en punta de lanza 3,5 bar.

- En redes de rociadores deben de funcionar al menos un sector con 10 rociadores.

Caudal:

Cada BIE de 25 mm. precisa de 1,65 l/s x 2 = 3,3 l/s

Volumen de reserva:

3,3 l/s . 2 . 3600 = 12.000 litros

Presión: considerando una pérdida de la red de 1 bar, la presión necesaria en el grupo de presión será de: 3,5 + 1 = 4,5 bar.

A esta presión le sumaremos la altura desde el grupo de presión de incendios al la última Bies.

Acometida: se realiza con tubería de 60 mm, llaves, y un contador de 80 mm de paso libre.

Depósito de reserva: se realiza con poliéster o de hormigón armado. No precisa de las condiciones higiénicas de los de agua potable.

Grupo de presión: consta de dos bombas, una pequeña, llamada Joker, para mantener la presión en la red, y otra grande, capaz de suministrar el caudal necesario para las Bies.

6.2. Redes de BIEs

Las redes de BIEs las realizaremos con tubo de acero negro o galvanizado, con un diámetro mínimo de 1 1/4" para una BIE de 25 mm., y de 1 1/2 para una BIE de 45 mm

Como sólo se precisa alimentar a dos simultáneas, el resto de tuberías será de 2", y en caso de montantes generales o tubo principal, de 3".

6.3. Redes de rociadores

Se dimensionarán con un diámetro mínimo orientativo de:

Número de rociadores	Diámetro tubo
1	1/2"
2 a 3	3/4"
4 a 8	1"
9 a 15	1/2"
15 a 30	2"

No obstante, lo correcto es realizar un dimensionado de la red ramificada de acuerdo con el caudal proporcionado por el fabricante del rociador.

6.4. Condiciones de instalación de la red de bocas de incendio

La instalación de BIEs cumplirá los siguientes requisitos:

- Estarán situadas a menos de 5 m de las salidas de cada sector de incendio.

- El radio de acción de una BIEs es igual a la longitud de la manguera más 5 m. Todo el sector debe estar cubierto al menos por una BIE.

- La separación máxima entre BIEs será de 50 m.

- La distancia máxima desde cualquier punto hasta la BIES más próxima será de 25 m.

- Con las dos BIEs hidráulicamente más desfavorables en funcionamiento, se debe mantener durante una hora una presión mínima en punta de lanza de 2 bar. La presión máxima será de 5 bar.

- Las BIEs se colocarán con el lado inferior de la caja que las contenga a 120 cm del suelo. La caja tendrá unas dimensiones de 80x60x25 cm. En la tapa se rotulará, de color rojo, la siguiente inscripción: ROMPASE EN CASO DE INCENDIO.

- Se deberá mantener alrededor de cada boca de incendio equipada una zona libre de obstáculos que permita el acceso y maniobra sin dificultad.

- La disposición más adecuada es en los distribuidores, cruces de circulaciones en pasillos, accesos a escaleras, etc., de manera que posibiliten una actuación del tipo cruzado, es decir, según el mayor ángulo de apertura posible.

- Entre la toma de la red general y el pie de la columna se instalará una llave de paso y una válvula de retención.

- Se dispondrá además, en la fachada del edificio, una toma que permita la alimentación de la instalación por medio del tanque de bomberos, en caso de corte de suministro en la red general. Dicha canalización llevará una llave de paso y una válvula de retención.

- No se instalarán más de 4 equipos por planta alimentados por la misma columna.

- En la derivación, desde la columna hasta los ramales, se instalará una llave de paso.

- Se exige una prueba de estanqueidad a una presión estática igual a **la presión de servicio. La mínima presión de prueba será de 10 bar.**

6.5. Condiciones de instalación de la red de rociadores

Estas instalaciones pueden ser clasificadas como fijas y automáticas, dado que actúan sin mediación humana. En el momento en que detectan el incendio (por los propios rociadores o por un sistema de detección en algunos casos), se pone en marcha el sistema con la finalidad de lanzar una lluvia de agua sobre la zona donde se ha detectado el incremento de temperatura.

La existencia de un sistema de rociadores supone disponer en sí mismo de un medio de detección (éstos se disparan por un incremento de temperatura) y alarma (al circular el agua por la válvula de control, se dispara una alarma acústica y se envía una señal a un centro de control). Así pues, con un solo sistema disponemos de tres funciones: detección, alarma y extinción, que se realizan de forma automática. El agua se lanza de forma localizada sobre una zona pequeña, lo que limita el volumen de agua necesario para extinguir el incendio.

Alcance de la protección por rociadores, edificios y áreas a proteger.

Todas las zonas de un edificio o de edificios en comunicación serán protegidas por rociadores, excepto en los casos indicados a continuación:

A/ Excepciones permitidas dentro del edificio.

- Lavabos y W.C. (excepto vestuarios) de construcción no combustible.

- Escaleras cerradas que no contienen material combustible y que están construidas como compartimentos resistentes al fuego.

- Conductos verticales cerrados (por ejemplo ascensores o conductos de servicio) que no contienen material combustible y que están construidos como compartimentos resistentes al fuego.

- Salas protegidas por otros sistemas automáticos de extinción (por ejemplo: gas, polvo y agua pulverizada), diseñados e instalados de acuerdo con otras normas EN.

- El extremo mojado de máquinas de fabricación de papel.

B/ Excepciones necesarias.

- Silos o contenedores que contienen sustancias que se expanden en contacto con el agua.

- Cerca de hornos industriales, baños de sal, cucharas de fundición o equipos similares si el uso del agua tendiese a aumentar el riesgo.

- Zonas, salas o lugares donde el agua descargada de un rociador podría presentar un riesgo en sí.

RESUMEN

El agua, al circular por las tuberías, sufre un roce con las paredes que le provoca una pérdida de presión o **"carga"**, que depende de la rugosidad interior de la tubería, y de la velocidad de circulación del agua. Por ello, la velocidad en instalaciones de agua se debe mantener entre:

Velocidad mínima: 0,5 m/s, para evitar sedimentaciones.

Velocidad máxima: 2 m/s (tuberías metálicas) y 3,5 m/s (tuberías de termoplásticos y multicapa).

La pérdida de carga unitaria se calcula entre otras mediante la fórmula de **Flamant**:

$$Ji = K \times (V^7 \times D^5)^{1/4}$$

También se calcula mediante ábacos. Estos ábacos son diferentes para cada tipo de tubería (de acero, de cobre, de plástico, etc.).

En los cambios de dirección y en los accesorios se produce una pérdida de presión adicional, debida a los choques y turbulencias generadas. Esta pérdida de carga se puede asimilar a una longitud de tubería que produzca la misma pérdida, que llamaremos **longitud equivalente Le**.

Esta longitud la sumaremos a la tubería.

Para calcular redes ramificadas, debemos dibujar un esquema de la red de tuberías con los puntos de consumo y su caudal. Numeramos los tramos ordenadamente. Acumulamos los caudales de cada tramo, y obtenemos el diámetro de cada tramo asignando una pérdida de carga igual para todos.

Para calcular las instalaciones interiores, deberemos primeramente conocer el caudal de los aparatos, instalados de acuerdo con la tabla 2.1 del CTE-HS4.

Para hallar el caudal de un tramo de tubería que alimenta a varios puntos de consumo, deberemos sumar los caudales de los aparatos **Qi**, para hallar el caudal total **Qt = Σ Qi**

El coeficiente de simultaneidad **k**, que se calcula en función del número de puntos n, mediante la fórmula: $1 / \sqrt{(n-1)}$

El caudal punta **Qp** será el caudal total por el coeficiente de seguridad: **Qp = k x Qt**

El cálculo de la acometida, tubo de alimentación, montantes y derivaciones interiores se hará calculando el caudal punta de cada tramo, según los puntos de consumo que sirve.

El grupo de presión se dimensiona:

Presiones:

Mínima = Altura edificio + 15 m.

Máxima = presión mínima + 20 m

Caudal:

El caudal punta del edificio según cálculo de acometida.

Depósito auxiliar:

Volumen = Q x t ; t = 15 minutos de funcionamiento; 15 x 60 = 930

Calderín de membrana:

Se utiliza la expresión:

$$V = (0{,}625 \times Q \times Pm) / (60 \times n)$$

Siendo:

V = volumen del calderón.

Q = caudal en l/s.

Pm = presión máxima absoluta en bar.

n = N° de bombas

Potencia de las bombas:

Utilizaremos la expresión:

$$P = Q \cdot g \cdot H / \delta$$

Siendo:

P = potencia del motor en watios.

Q caudal total en l/s; g = 9,81 m/s^2.

H = Presión máxima en m.c.a.

δ = rendimiento conjunto bomba – motor (entre 0,5 y 0,6).

Si instalamos dos bombas l apotencia de cada una será la mitad.

Redes contra incendios; precisan agua para: hidrantes, BIEs y rociadores.

La acometida ha de ser independiente. El depósito de reserva ha de ser de 12 m^3, la presión en punta de lanza de una BIE ha de ser de 3,5 bar.

ANEXO

ÁBACO PARA TUBERÍAS DE ACERO GALVANIZADO

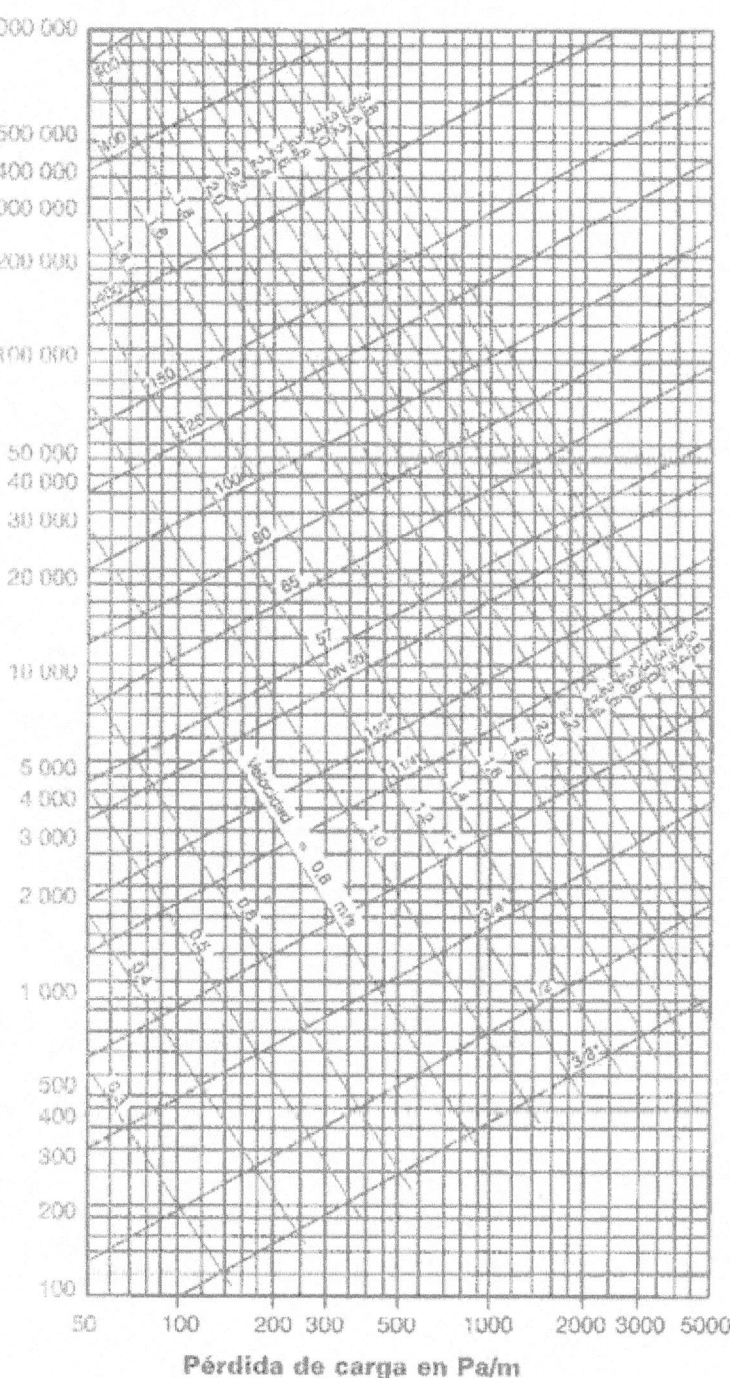

Tubería de acero

ÁBACO PARA TUBERÍAS DE COBRE

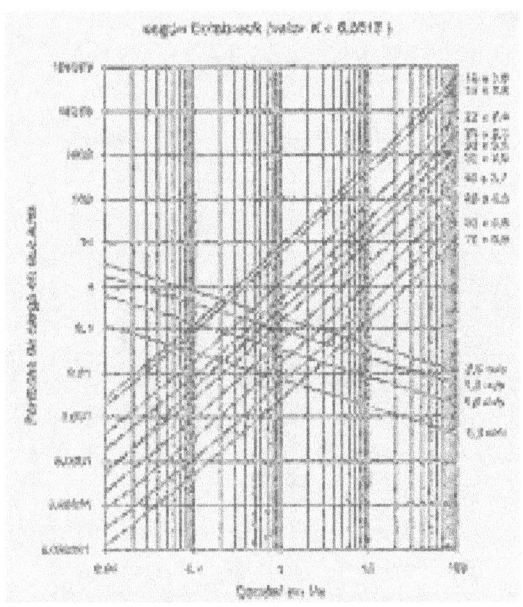

ÁBACO PARA TUBERÍAS DE PVC, PE Y PP

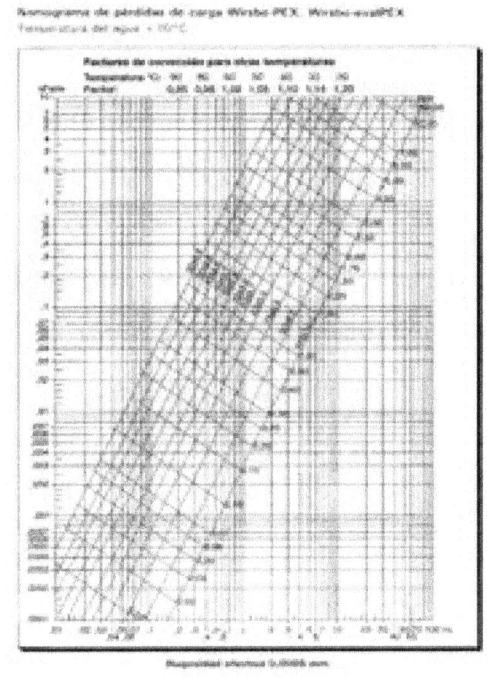

Longitudes equivalentes en metros para accesorios de tuberías de agua						
Tubería	Codo 90°	Codo 45°	Te a 90°	Valv. Bola y compuerta	Valv. Asiento	Valv. Codo
15 (1/2")	0,6	1,39	0,9	0,12	4,5	2,4
19 (3/4")	0,75	1,45	1,2	0,15	6	3,6
25 (1")	0,9	0,54	1,5	0,18	7,5	4,5
1 1/4"	1,2	0,72	1,8	0,24	10,5	5,4
1 1/2"	1,5	0,1,29	2,1	0,3	13,5	6,6
2"	2,1	1,2	3	0,39	17,5	8,4
2 1/2"	2,4	1,5	3,6	0,48	19,5	10,2
3"	3	1,8	4,5	0,6	24	12
3 1/2"	3,6	2,1	5,8	0,72	30	15
4"	4,2	2,4	6,3	0,81	37,5	16,5
5"	5,1	3	7,5	1	42	21
6"	6	3,6	9	1,2	49,5	24

INSTALACIONES DE AGUA

MONTAJE Y MANTENIMIENTO DE INSTALACIONES DE AGUA

ÍNDICE

INTRODUCCIÓN

En esta Unidad Didáctica vamos a abordar el montaje y el mantenimiento de las instalaciones de agua.

Primeramente trataremos la instalación de tuberías de abastecimiento, y posteriormente las instalaciones interiores.

Otro apartado serán las averías más frecuentes en instalaciones de de agua.

Por último veremos las medidas de seguridad en los trabajos de las instalaciones de agua, y el tema de la prevención de la legionella.

1. MONTAJE DE TUBERÍAS

1.1. Tuberías enterradas. Arquetas

Las tuberías de abastecimiento discurren normalmente enterradas, por calles, o terrenos rústicos.

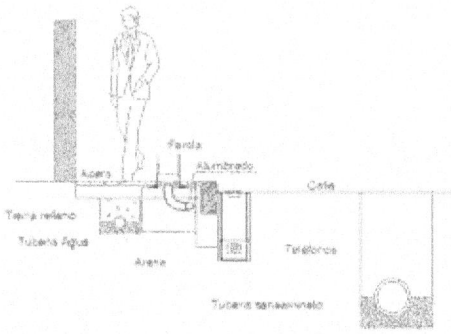

El enterrar tuberías tiene ventajas:

* La tubería enterrada está protegida de las agresiones atmosféricas, corrosión, etc.

* Tampoco le atacan animales, roedores, etc.

* No sufre cambios de temperatura, ya que el terreno a partir de 0,60 m tiene una temperatura casi uniforme todo el año.

Y los siguientes inconvenientes:

* La dificultad de instalación.

* Roturas por asentamientos del terreno, o trabajos de otras máquinas.

La instalación de tuberías enterradas conlleva el proceso siguiente:

Apertura de la zanja:

Se realiza normalmente a máquina. El ancho debe ser igual al de la tubería, más 10 cm. a cada lado, con un mínimo de 30 cm. en caso de zanjas poco profundas (0,5 m), y de 0,60 en caso de zanjas en las que tenga que entrar un operario.

Las tierras sobrantes se pueden dejar al lado mismo de la zanja, pero en las ciudades deben ser retiradas con camión a un lugar proximo llamado de acopio.

La zanja debe de ser lo más rectilínea posible, evitando siempre los trazados en diagonal, para poder localizarla después de tapada.

Si la zanja se realiza en una calle, deben colocarse vallas en todo su perímetro, para evitar caídas de transeúntes.

Preparación del fondo de la zanja:

El fondo de la zanja se limpiará de piedras, y se dejará nivelada.

Después se verterá una capa de al menos 15 cm. de arena y se nivelará.

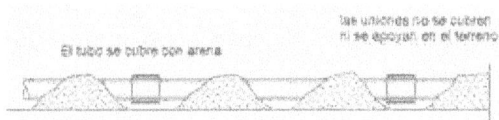

Montaje de la tubería:

La tubería de puede tender mediante grúas–pluma de camiones, o con la propia retroexcavadora, colocándole unos grilletes en la cuchara, y cintas de amarre o bragas.

Cada tubo se suspenderá mediante dos bragas, o una colocada en su punto medio.

Antes de descender la tubería, se engrasará la junta de la campana del tubo.

Antes de apoyarse en el fondo de la zanja, se retirará la arena en la zona de la campana, para que no haya apoyos en ella.

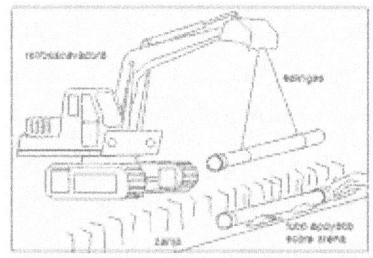

El tubo se encajará en el anterior, y mediante la cuchara de la excavadora, se empujará en tubo para que entre en el anterior.

Se comprobará por el exterior, y con una linterna por el interior, que la junta de la campana no haya sido arrastrada o cortada al encajarse los dos tubos.

Se comprobará con un nivel la pendiente establecida, y si hace falta se levantarán los tubos y se retacarán con arena.

Tapado:

Una vez instalada la tubería, debemos recubrirla con arena, de forma que quede al menos una capa de 15 cm. alrededor de la tubería.

Al verter la arena, se retacarán los riñones del tubo caminando o mediante un palo, para asegurarnos de que la arena penetra bien por los laterales, y quedan cavernas bajo el tubo.

El tapado de la zanja se realizará con tierra libre de bolos, que puede ser la de la propia zanja, si es buena, o mediante tierra nueva adecuada.

La tierra se verterá en capas de 40 cm., se humedecerá y se compactará con apisonadora.

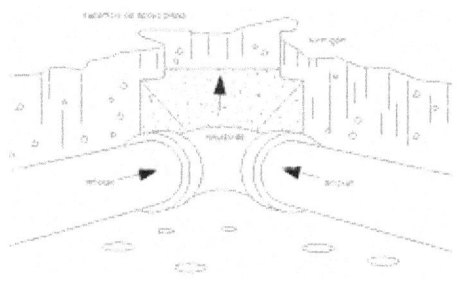 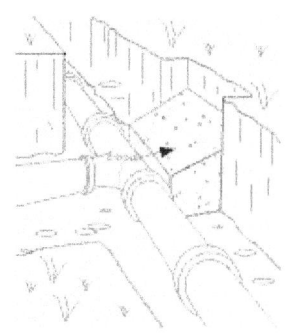

Acabado superior:

En el caso de que la zanja discurra por terrenos rústicos, es conveniente dejar un montículo o mota, sobre la tubería, de forma que quede en el terreno una elevación que nos permita localizar la tubería al cabo de los años.

En caso de terrenos de cultivo, se dejará el terreno enrrasado con tierra vegetal.

En caso de calzadas o calles con tráfico, se acabará con una capa de 20 cm. de hormigón Fk–200, y sobre ella, una capa de 5 cm. de aglomerado asfáltico.

En caso de aceras, se realizará la reposición de la superficie existente en el resto.

Recalces:

Son refuerzos realizados con hormigón en masa, para sujetar la tubería en puntos donde las fuerzas debidas a la presión y la velocidad del agua puedan originar movimientos o roturas.

Hay que tener en cuenta que en el caso de tapones y codos, la fuerza originada por la presión puede dar lugar a esfuerzos de varias toneladas sobre el terreno.

En la gráfica siguiente se puede calcular el empuje en toneladas para las curvas, tes y tapones de tuberías.

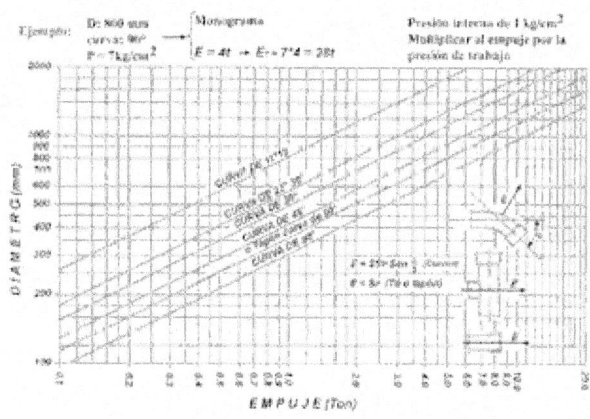

Estos empujes se deben dirigir mediante tacos de hormigón hacia el terreno, con una superficie de apoyo suficiente, teniendo en cuenta que el terreno admite presiones del orden de 1 a 5 kg/cm².

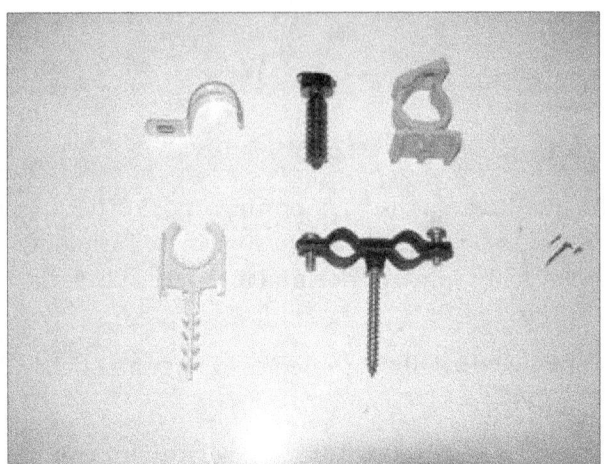

Otra sujeción importante es en el caso de tuberías que discurren por terrenos inundados, o con un nivel freático elevado, pues en caso de estar la tubería vacía, tiende a elevarse por flotación. Se tienen que realizar anillos de hormigón, para provocarle peso.

ARQUETAS:

Las arquetas se realizan una vez tendida la tubería, sobre las llaves o accesorios de la misma.

Al montar los tubos, en los puntos donde van accesorios tales como llaves de corte, ventosas, contadores, reductoras de presión, etc., no se cierra la zanja, y se realiza una arqueta que permita a un operario entrar a maniobrar dicho elemento.

Hay que cuidar que el espacio interior sea suficiente, con un mínimo de 0,90 m de diámetro.

Las paredes se realizan con fábrica de ladrillo cerámico, enlucido interiormente con mortero de cemento.

La tapa superior debe pedirse para una carga determinada de personas o de tráfico.

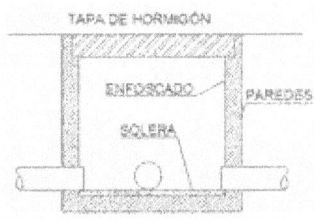

1.2. Instalaciones interiores. Proceso

El proceso de montaje de instalaciones interiores es el siguiente:

Estudio de los planos de obra:

En toda obra hay unos planos realizados por el arquitecto o ingeniero, en los que se define la instalación de fontanería y saneamiento. En ellos podemos ver el número de puntos de consumo, el trazado de las tuberías con su diámetro, la acometida, etc.

El instalador debe estudiarlos, y si tiene alguna duda, anotarla para la reunión con la dirección de obra (aparejador, arquitecto, etc.).

La figura del director de obra es la máxima autoridad en el proceso constructivo, pero el promotor es otro elemento que también hay que tener en cuenta, ya que es el dueño de la obra. Tenemos que recalcar que el promotor pide reformas o ampliaciones sobre lo proyectado, pero es el director de obra el que debe autorizarlas, ya que es el que tiene los conocimientos técnicos y de normativa necesarios para decidir.

Replanteo:

El replanteo consiste en visitar la obra en su estado primitivo, e imaginar las instalaciones sobre ella, con su trazado, puntos singulares, etc.

En el replanteo se ven los posibles problemas que pueden plantearse en la ejecución, conflictos de paso, de espacio, cruces con otras instalaciones, etc.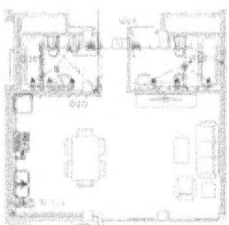

En el replanteo pueden salir soluciones, o variaciones sobre lo proyectado, que hay que anotar.

Trazado:

El trazado o marcado consiste en pintar sobre las paredes con azulete las líneas por donde van a discurrir las tuberías, para que los albañiles hagan las rozas y huecos en las paredes o suelos.

El marcador debe ser un oficial con experiencia, que conozca bien el oficio, que sepa las medidas de los aparatos y tenga en cuenta las distancias precisas.

El trazado de la instalación debe ser rectilíneo, con trazos horizontales y verticales, nunca en diagonal.

Las tuberías pueden instalarse de forma que queden vistas o empotradas. Las tuberías vistas no son admisibles en caso de viviendas o cuartos de aseo, sólo se instalarán así en caso de reformas donde no haya otra solución.

Las tuberías también pueden ir suspendidas de soportes, abrazaderas o cintas. La máxima separación entre soportes dependerá del tipo de tubería, del diámetro y de su posición en la instalación Para cumplir dichas distancias se adoptarán los valores indicados en las normas UNE–ENV 12108.02 para tubos plásticos en agua fría y caliente, y los indicados en la UNE 100152–88 para tubos de acero y cobre, también con agua fría y caliente.

En instalaciones nuevas los tubos discurrirán preferentemente por patinillos o huecos en la construcción, sobre falsos techos, o empotrados en paredes de espesor suficiente.

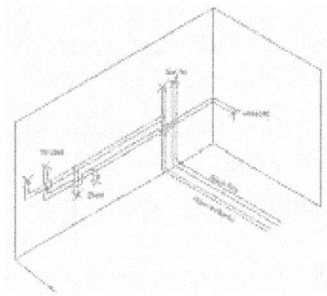

Tras el marcado, los albañiles realizan las rozas, pero el instalador debe repasar el trabajo y corregirlo si hace falta.

Instalación de las tuberías:

La instalación de las tuberías la realiza un equipo formado por un oficial y un ayudante.

Las tuberías se cortan y se sujetan sobre la obra con trozos de cubo flexible o bridas.

Los tubos se unen en su sitio sin soldar o fijar las uniones, hasta completar un tramo entero, de forma que podamos girarlas o modificarlas.

Una vez situado todo el tramo en su sitio correctamente, se puede soldar.

Las uniones será adecuadas al tipo de tubería: roscadas, soldadas, por presión, etc., y se realizarán de forma que la estanqueidad quede asegurada.

Un truco muy utilizado es dejar sin soldar el codo anterior, de forma que podamos girar y orientar el tramo siguiente. Seguimos soldando adelante, y volvemos atrás a soldar el codo pendiente, una vez orientado el trazado.

Las tuberías de agua caliente deben aislarse antes de soldar las uniones. Para evitar que se quemen, deben arremangarse en el tubo y fijarse con una pinza. En las uniones, tes y accesorios, el asilamiento se realizará con todo montado, cortándolo y pegándolo con pegamento apropiado.

Las tuberías de agua fría principales pueden dar lugar a condensaciones de agua en verano, provocando humedades en falsos techos y paredes. Para evitar estas condensaciones de aislarán las tuberías principales, y se ventilarán los huecos y patinillos por donde discurran.

Todos los elementos que precisen ser maniobrados o revisados deben quedar accesibles, mediante registros o puertas.

Se tendrá en cuenta la incompatibilidad en las uniones de materiales diferentes como acero–cobre, sobre todo en los accesorios y elementos como bombas, depósitos, etc. A tal efecto se instalarán manguitos antielectrolisis para evitar la formación de pilas galvánicas, que pueden dar lugar a la destrucción de los elementos de acero.

En el paso de paredes y muros se instalarán vainas de material plástico, para que la tubería quede libre para dilatar, y no tengan contacto con los materiales de obra.

Las tuberías de agua potable se identificarán en los planos con los colores definidos en la UNE 1.063–59.

Prueba de presión y estanqueidad:

Una vez acabada una parte de la instalación, y antes de taparla, se procederá a su prueba con una bomba de presión.

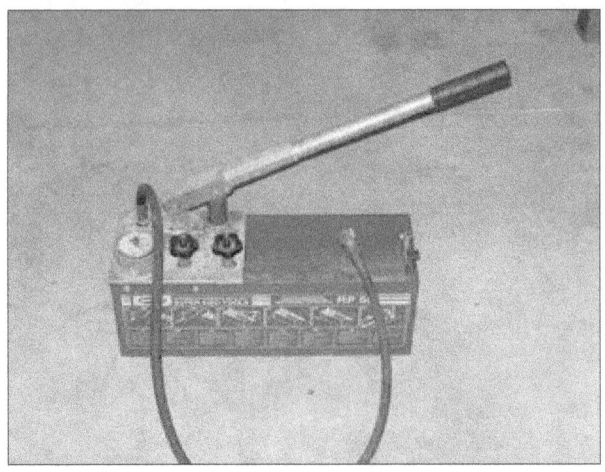

Esta prueba es IMPRESCINDIBLE en toda instalación de fontanería, ya que la instalación quedará oculta, y cualquier fallo requerirá romper obra ya acabada, y reponerla, con el consiguiente gasto y retraso.

Para proceder a la prueba, deberán colocarse tapones en todas las salidas de agua, unir las tuberías de agua fría y caliente con un puente, y acoplar la bomba a la entrada de agua. Se bombeará hasta y se irá purgando el aire aflojando los tapones, hasta que salga sólo agua por todos.

Según el CTE–HS4 el proceso de prueba debe de realizarse de acuerdo con las normas:

a. Para las tuberías metálicas se considerarán válidas las pruebas realizadas según se describe en la norma UNE 100 151:1988.

b. Para las tuberías termoplásticas y multicapas se considerarán válidas las pruebas realizadas conforme al Método A de la Norma UNE ENV 12 108:2002.

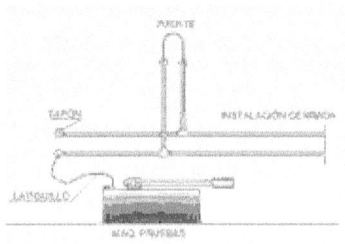

En resumen el proceso suele ser hacer subir la presión suba a 15 bares como mínimo, y cerrar el grifo de entrada. Se dejará así la instalación al menos 24 horas.

Pasado este tiempo se comprobará la ausencia de humedades en todo el trazado, y si no las hay, se dará por buena la instalación.

En muchas ocasiones el director de obra o encargado de la constructora quiere estar presente en la revisión, y exige la firma de un documento de conformidad.

1.3. Instalación de aparatos sanitarios

Los aparatos sanitarios incorporan una serie de aparatos para regular el consumo de agua, que llamamos grifería.

Como norma general deberemos instalar una llave de corte antes de cualquier aparato de consumo, para poder aislarlo sin tener que cortar toda la instalación.

Su proceso de montaje es el siguiente:

Fregadero y lavabo:

La instalación de agua fría y caliente acaba en un manguito o codo con placa, el cual debe quedar enrasado con el acabado final de la pared. Este manguito acaba en una rosca hembra de 3/4" orientada hacia fuera de la pared.

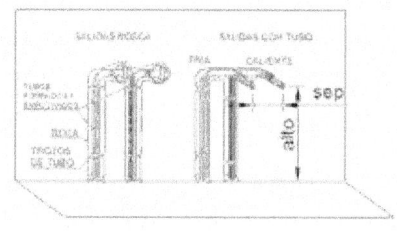

Hay que dejar los dos tubos con la altura y separación requerida por el mueble, normalmente a 0,50 m sobre el suelo, y una separación de 0,20 m entre los tubos.

Aunque no hay ninguna norma escrita, es costumbre de los instaladores dejar el agua caliente a la izquierda, y el agua fría a la derecha.

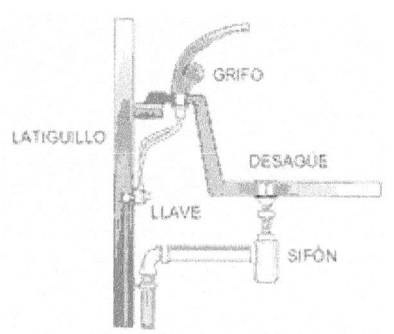

Una vez acabada la pared y colocado el lavabo en su sitio, roscaremos en los manguitos las llaves de corte con salida a latiguillo, utilizando como sellante cinta de teflón o cáñamo.

Instalaremos el grifo en el lavabo o fregadero fijándolo con las tuercas y juntas que vengan con el equipo. De este grifo salen dos latiguillos o tubos flexibles que conectaremos a las llaves de corte de la pared.

159

Inodoro:

El montaje de la instalación del inodoro es similar al lavabo, pero sólo requiere agua fría.

La situación de la llave de toma es a unos 30 cm. del suelo, y en la parte posterior del aparato, o en un lateral.

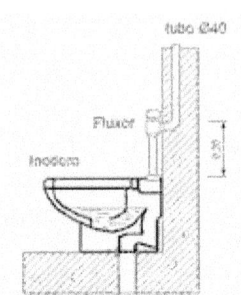

Debemos consultar las instrucciones de montaje de la cisterna, para averiguar la posición exacta.

En caso de cisternas elevadas, la toma estará a 2 m sobre el suelo.

En caso de fluxores, la toma quedará centrada en el inodoro a unos 30 cm. sobre la taza.

Ducha y bañera:

La ducha o bañera incorpora un grifo compacto con las tomas de agua fría y caliente a una separación fija de 15 cm. Deberemos dejar los manguitos placa a esa distancia en horizontal, y en vertical a unos 10 cm. sobre la bañera.

Como durante el montaje esta distancia puede variar, sería imposible roscar el grifo en los manguitos empotrados, y por ello se intercala un manguito excéntrico, que nos permitirá ajustar la distancia a la separación requerida por el grifo.

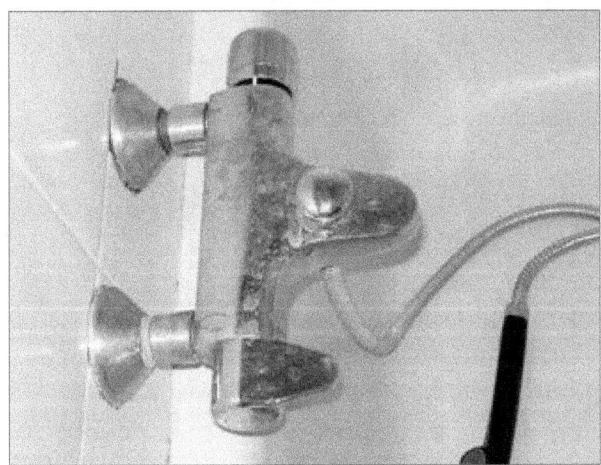

Otros aparatos:

Calentador: el calentador de agua requiere también dos tomas en la pared, pero del diámetro del tubo general del suministro interior.

Un problema frecuente es la sujeción de un calentador acumulador eléctrico o termo, cuyo peso lleno de agua es importante.

Se deben utilizar tacos y tornillos que se sujeten en dos divisiones del ladrillo del tabique, y en caso de tabiques estrechos, se tendrán que colocar tornillos pasantes, y una pletina atornillada en el otro lado de la pared.

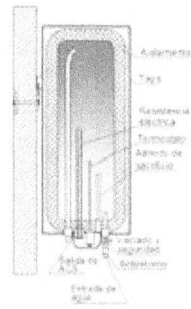

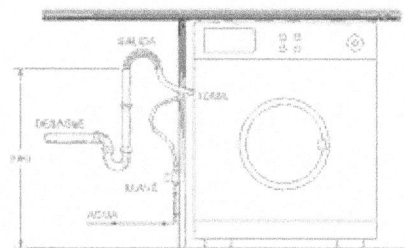

Lavadora y lavavajillas: se instalan con una llave especial que tiene una salida para manguera flexible.

Aparatos de climatización: se instalarán siempre con una válvula de retención y una llave de corte antes del aparato.

Piscinas: las piscinas precisan una instalación que filtre el agua, y para ello cuando se construye se dejan tubos de PVC empotrados en los muros y fondos. La instalación necesaria es:

- Tubos de aspiración en el fondo.
- Tubos de impulsión en la pared opuesta a la del desagüe de fondo.
- Skimer o ventana aspirante para recoger objetos flotantes.
- Caseta depuradora con bomba, llave giratoria o distribuidor y filtro de arena.
- Cuadro eléctrico, desagüe y sumidero en suelo.
- Rejilla de ventilación en pared.

Debido a la presencia de cloro en el agua, todos los materiales de las instalaciones de agua de las piscinas deben ser de PVC, o PE, ya que el cobre y acero inoxidable sufren una rápida corrosión.

1.4. Instalaciones de riego. Aspersión. Goteo

Las instalaciones de riego se diferencian de las de agua potable en lo siguiente:

- Los materiales no precisan ser tan higiénicos.
- Los materiales deben ser muy resistentes a la corrosión y la intemperie. Por ello se usa el polietileno con negro humo.
- Los caudales son grandes, y la presión no debe ser mayor de 4 bares.

Los principales elementos son:

Depósitos: realizados con PVC o fibra de vidrio.

Bombas: suelen ser de tipo horizontal, realizadas en materiales plásticos.

Filtros: dependiendo de la calidad del agua de entrada, son más o menos grandes. Se limpian haciendo circular el agua a contracorriente. Pueden ser de malla, de arena, de discos, etc.

Cabezales: se llaman así a los colectores de los que parten las tuberías de los diferentes circuitos de riego.

Electro válvulas: son válvulas de solenoide o neumáticas, que abren o cierran los circuitos.

Abonadoras: son equipos que inyectan abono líquido dentro de la tubería, ayudándose del caudal de paso. Se les puede ajustar en porcentaje o en volumen.

Aspersores: riegan una superficie circular mediante una lluvia de agua.

Goteros: son salidas en las que el agua cae sobre el terreno gota a gota. Se miden por el caudal que riegan en litros/hora.

Tuberías porosas: son tubos con paredes porosas, por las que sale el agua lentamente. Se instalan enterrados a unos 10 cm. bajo el suelo y lo mantienen con una humedad permanente.

Detectores de humedad y de lluvia: nos permiten ahorrar agua, deteniendo el sistema de riego cuando llueve o el terreno está húmedo.

Las instalaciones de riego suelen ser de funcionamiento automático, gobernadas por un programador o centralita electrónica, que es más o menos compleja según sea de grande la instalación. La centralita controla:

- Hora de comienzo del riego. Días de la semana.
- Duración del riego.
- Días y horas de abonado.
- Paro automático por lluvia

En caso de grandes extensiones a regar, como los caudales suelen ser limitados, se divide el terreno en sectores, y se programa su riego de forma consecutiva, a diferentes horas.

1.5. Instalación de saneamientos

Las instalaciones interiores de saneamiento se realizan con tubos y accesorios de PVC, con uniones pegadas o mediante junta elástica. Su color suele ser gris.

Estos tubos tienen un coeficiente de dilatación bastante alto, en los tramos rectos largos, se producen movimientos importantes que hay que compensar. Si los tramos de tubo van pegados, cada 10 ó 15 m tendremos que instalar uniones con junta elástica, y soportes que permitan el deslizamiento del tubo.

En el caso de tuberías enterradas, sobre todo si van a menos de 1 m de profundidad,

Las variaciones anuales de temperatura hacen que cambie su longitud. Para compensarlo instalaremos uniones mediante junta elástica o tenderemos el tubo en el fondo de la zanja con un trazado serpenteante, nunca rectilíneo.

La ejecución de las uniones pagadas o con junta elástica corresponde al módulo de TMMI de Primer Curso, por lo que no los describimos en esta Unidad Didáctica.

Montaje de tuberías:

La pendiente de las tuberías ha de ser del 2 al 5%, y no se permiten tramos llanos, ni sifones.

Ejemplo de cálculo de la pendiente:

Si la pendiente es del 5%, significa que en 100 m desciende 5 m, por lo tanto en una distancia de 10 m descenderá: (hacemos una regla de 3)

100 ———— 5

40 ———— x;   x = 40 . 5 / 100 = 2 m.

El montaje de tuberías de saneamiento puede ser:

Enterrado: se pueden enterrar directamente en el terreno, pero es conveniente realizar una cama de arena, de forma que el tubo pueda

163

dilatar más fácilmente. La profundidad mínima ha de ser de 0,40 m bajo el nivel del suelo, y la máxima depende de la pendiente del terreno, y en muchas ocasiones acabamos con profundidades de más de 2 m.

Proceso:

La zanja se realiza mediante retroexcavadora.

Se bajan los tubos y se unen.

Se nivelan los tubos con calzos dándoles la pendiente necesaria.

Se vierte arena hasta que cubra los tubos, dejando vistas las juntas.

Se comprueba que no hay fugas, y se tapa la zanja.

En terrenos inestables, en el fondo de la zanja se realizará una solera de hormigón de 1 cm.

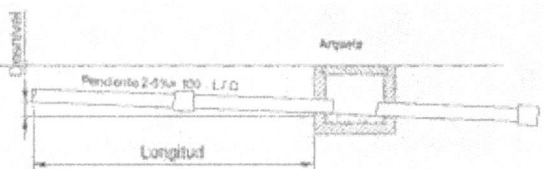

Las zanjas de más de 1,50 m de profundidad deben reforzarse mediante una entibación para evitar derrumbes.

Los cambios de dirección y derivaciones se cubrirán con un dado de hormigón para soportar los esfuerzos debidos a la presión.

Montaje visto:

Los tubos pueden instalarse sobre paredes, o colgados del techo.

Los elementos de sujeción son abrazaderas o soportes con perfiles metálicos colgados con varillas roscadas. Debe cuidarse siempre que la tubería quede sujeta, pero que se permita su movimiento en los codos y tes.

Ejecución de pozos:

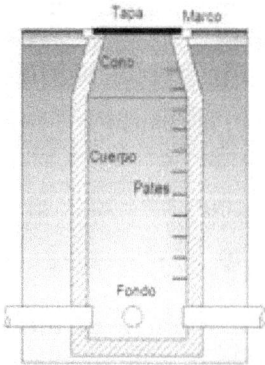

Los pozos se realizan mediante obra de fábrica de ladrillo o con piezas prefabricada.

En ambos casos hay que realizar una solera de hormigón con un mallazo, y sobre ella levantar el pozo. El fondo debe tener forma circular para que facilite el caudal de agua de las entradas a la salida.

Deben colocarse pates o escalera de bajada de operarios.

El pozo acaba a unos 20 cm. bajo el nivel de la calle, y la tapa superior de fundición se enrasa con el pavimento, rematándose la junta con mortero.

Fosas sépticas:

La tendencia actual es a instalarlas de tipo prefabricado, paro también se pueden realizar en obra según el detalle siguiente.

El agua de salida puede verter a un barranco o a un pozo filtrante.

También se realizan fosas sépticas prefabricadas, que sólo hay que enterrar, que resultan más practicas y seguras.

2. PRUEBAS REGLAMENTARIAS: ESTANQUEIDAD. PRESIÓN

Al finalizar una instalación de agua deberemos realizar las pruebas reglamentarias siguientes:

Tuberías de abastecimiento:

Prueba de presión:

Se realizará por tramos de tubería acabada, tapando los extremos y llenando la tubería con agua. Una vez llena se conectará la bomba de presión, y se inyectará agua hasta que la presión suba a 1,4 veces la presión normal de trabajo.

Se mantendrá durante 30 minutos, y se considerará satisfactoria si la presión no desciende un valor mayor de $\sqrt{(p/5)}$.

Ejemplo: tubería que ha de trabajar a 4 bar.

Presión de prueba = 4 . 1,4 = 5,6 bar.

Pérdida de presión máxima en 30 minutos = $\sqrt{(p/5)}$ = $\sqrt{(5,6/5)}$ = 1,04

Prueba de estanqueidad:

Se realizará en tuberías de abastecimiento, y será posterior a la de presión.

Consiste en medir el volumen de agua que hay que añadir para restablecer la presión tras dos horas.

Se eleva la presión a la máxima de trabajo del tramo. Se espera durante dos horas. Se bombea de nuevo hasta que la presión vuelva a ser la anterior.

La prueba será correcta si el volumen añadido es menor de:

$$V = K . L . D$$

Siendo

V = volumen en litros

L = longitud en metros

D = diámetro en metros

K coeficiente según el material, de la tabla siguiente:

Material tubería	Valor de K
Hormigón en masa	1
Hormigón armado	0,4
Hormigón pretensazo	0,25
Fibrocemento	0,35
Fundición	0,3
Acero	0,35
Plásticos	0,35

Tuberías interiores:

En la Unidad Didáctica 2 se describió el proceso de prueba de las instalaciones interiores.

De acuerdo con el CTE de denominan prueba de resistencia mecánica y prueba de estanquidad.

Las tuberías de ACS se probarán de igual modo, y una vez en funcionamiento el sistema, la diferencia de temperatura entre la salida del acumulador y el tubo de retorno no será inferior a 3° C.

Tuberías de evacuación:

Se someterán a una prueba de presión a un mínimo de 0,3 bar, y máximo de 1 bar, probando por tramos si hay mucha diferencia de alturas.

Se observará si aparecen pérdidas de agua en juntas.

3. AVERÍAS EN INSTALACIONES DE AGUA

Las principales averías en las instalaciones de agua son:

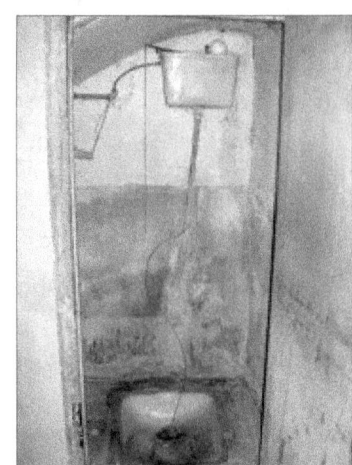

- Falta de caudal.

- Fugas.

- Roturas.

- Ruidos.

- Olores.

Con el tiempo, las conducciones y accesorios de agua pueden sufrir:

- Corrosión.

- Calcificación.

3.1. Falta de caudal

La falta de caudal en los puntos de consumo puede deberse a varias causas:

- Obstrucciones en filtros o grifos: causadas por elementos extraños, que acaban por obstruir las mallas y pasos estrechos de llaves y aparatos. La reparación consiste en desmontar y limpiar los filtros. Realizar un mantenimiento periódico de los mismos.

- Obstrucciones por depósitos de cal: pueden llegar a taponar completamente las tuberías, o hacer disminuir mucho el caudal de los aparatos. Para eliminarla, se verterá un poco de salfumán sobre la cal, y se aclarará con agua.

- Mal diseño de la instalación: si los diámetros son pequeños, la velocidad es alta, y también la pérdida de presión, dando lugar a falta de caudal en los puntos más alejados. La solución es aumentar la presión si hay grupo, cambiar las llaves por otra de paso más libre, o instalar calderones acumuladores al final de los tramos.

3.2. Fugas y roturas

Las fugas de agua se manifiestan en manchas de humedad en paredes y techos.

Causas:

- Fallos en las uniones. Fallos en soldaduras, fallos en montaje de uniones roscadas, fallo en juntos a presión.

- Doblado excesivo de los tubos en las juntas.

- Perforaciones de los tubos. Poros por corrosión, cortes por roces y desgaste, entrada de raíces.

Detección:

Las fugas se detectan por el ruido producido al salir el agua por la abertura.

Pueden detectarse durante la noche con un equipo que amplifica la señal sonora, y la filtra de otros ruidos.

En tuberías de abastecimiento también se manifiesta la fuga por aparecer vegetación abundante y cañas.

Reparación:

La reparación de fugas requiere descubrir la tubería en un espacio suficiente para poder operar con las herramientas.

En caso de tuberías enterradas hay que descubrir toda la circunferencia del tubo, y utilizar una bomba de achique.

Si la fuga está en una junta, lo mejor es sustituirla por un anillo a presión (juntas arpol), lo mismo que si el tubo está partido de forma limpia.

En las roturas de tubos hay que cambiar todo el tubo o cortar la parte en mal estado y poner un tramo igual nuevo

3.3. Corrosión. Interior. Exterior

La corrosión en las instalaciones de abastecimiento es una de las causas de destrucción de las mismas, y ello es debido principalmente a la propia humedad producida por el agua transportada, fugas, y condensaciones.

La corrosión afecta a los metales de forma diferente:

169

Acero negro: su oxidación es rápida, ya que no presenta ninguna protección a la oxidación. La protección es pintar el exterior.

Acero galvanizado: la capa de zinc exterior protege de la oxidación, pero si se agrieta, y queda al acero en contacto con el aire comienza la oxidación, que avanza bajo la capa de galvanizado.

Cobre: la corrosión puede presentarse por contacto con materiales de obra, y por la agresión de las aguas.

Las normas para prevenir la corrosión en instalaciones de agua son, principalmente, las siguientes:

Corrosión exterior.

- Las tuberías metálicas se protegerán contra morteros de cemento, cal, yesos, etc., del acceso del agua a su superficie exterior y de la agresión de los terrenos. Dicha protección se hará mediante la interposición de elementos separadores colocados de forma continua en toda la longitud de la tubería y sin interrupción.

- Los revestimientos adecuados con tubos enterrados o empotrados, serán:

  a. Tubos de acero: polietileno; bituminoso; resina epoxídica; alquitrán de poliuretano.

  b. Tubos de cobre: plásticos.

  c. Tubos de fundición: polietileno; mortero de cemento; cincado con recubrimiento de cobertura; betún; láminas de poliuretano

- Toda conducción exterior y al aire libre se protegerá. Si son tubos de acero podrán ser protegidos por recubrimientos de cinc.

- Los tubos de acero que discurran por cubiertas de hormigón se protegerán especialmente con láminas de separación.

- Los tubos que discurran por canales de suelo, éstos deberán ser impermeables y disponer de la adecuada ventilación y drenaje.

- En redes metálicas enterradas se colocará una unión antielectrólisis después de la entrada al edificio y antes de la salida.

Corrosión por el uso de materiales distintos.

- Prohibida la unión de materiales metálicos de distinto potencial electroquímico en el caso de colocar primero, en el sentido de circulación del agua, el de mayor valor.

- Se admitirá la interposición de juntas aislantes en obras de rehabilitación, siempre que se pueda verificar su estado en el tiempo para su posible sustitución.

- Se tendrá cuidado con la posible formación de pares galvánicos en válvulas fabricadas con aleaciones de cobre.

Corrosión por elementos contenidos en el agua de suministro.

- Además de los cuidados aquí indicados se colocará, a la entrada de la instalación, un filtro tipo Y, con el umbral de filtrado de **25 a 50 μm** y que retenga los residuos, arenillas, cascarillas desprendidas, etc. Su situación será tal que permita su registro con facilidad para las operaciones de limpieza y mantenimiento.

Corrosión por las uniones.

- Se prestará especial atención a los tipos de unión y materiales de los tubos para evitar posibles corrosiones, atendiendo sobre todo a las recomendaciones del fabricante.

Corrosión por bacterias ferruginosas:

Son bacterias que se alimentan de hierro con reacciones químicas complejas, que forman nódulos de corrosión, que destruyen las tuberías de acero. Se tratan mediante desinfección con cloro.

Protección contra las condensaciones.

- En tuberías empotradas, ocultas o vistas, se preverá el riesgo de condensaciones disponiendo un elemento separador con capacidad de actuar como barrera de vapor.

- Este elemento se colocará igual que se ha descrito para los elementos de protección contra agentes externos, pudiendo utilizarse el mismo en ambos casos.

- Los materiales que se utilicen cumplirán lo dispuesto en la UNE 100-171-89.

3.4. Calcificación

La calcificación es un proceso por el que se deposita el carbonato cálcico disuelto en el agua sobre las paredes interiores de tuberías y accesorios.

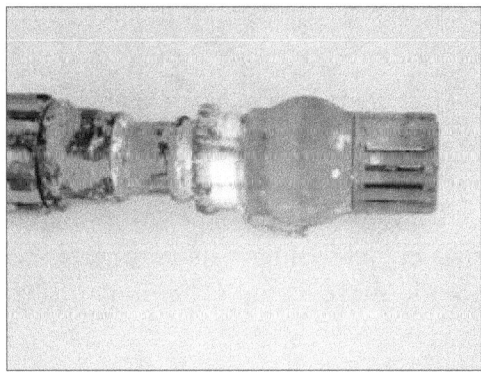

El agua se califica como:

- Blanda cuando la proporción de cal es menor de 50 ppm.

- Poco dura 50 - 100 ppm.

- Dura 100 – 200 ppm.

- Muy dura > 200 ppm.

Los problemas aparecen con las aguas duras y muy duras.

La capa de cal tiene un aspecto como de rocas o tierra de color marrón claro, y una gran dureza.

Esa capa va creciendo de espesor y produce las consecuencias siguientes:

- Obturación de pequeños orificios, filtros, capilares, etc. Fallo en grifos, reguladoras de presión, electro válvulas...

- Reducción de la sección interior de la tubería, y disminución del caudal. Al final, las tuberías quedan con el interior totalmente macizo de cal.

- Soldado por cal de llaves. La cal puede unir las compuertas con sus guías, quedando inutilizadas para las maniobras.

- Aislamiento de equipos de transferencia de calor. Intercambiadores tubulares, de placas, resistencias eléctricas de caldeo.

Las aguas con alto contenido de cal también tienen como efecto que forman poca espuma con el jabón, y al aclarar la vajilla quedan huellas blancas.

La cal es muy dura y por ello no puede ser eliminada mecánicamente, ya que se estropearía el material base de la tubería. El sistema mejor es disolverla con un ácido suave, como el ácido clorhídrico (salfumán) o el ácido nítrico.

Estos ácidos también atacan al hormigón, pero no al acero, cobre o plásticos.

Tratamiento de los problemas generados por la cal:

- Mejorando el agua mediante aparatos descalcificadores. Se instalan en la entrada de agua o antes de los aparatos que presenten problemas (lavavajillas, lavadoras...). Consumen sal común para regenerar las resinas de intercambio.

- Disolviendo periódicamente la cal mediante un líquido ácido. Es lo que se llama descalcificar el circuito, mediante un depósito con ácido, y una bomba circuladora. Se hace fluir el líquido desincrustante hasta que retorna limpio.

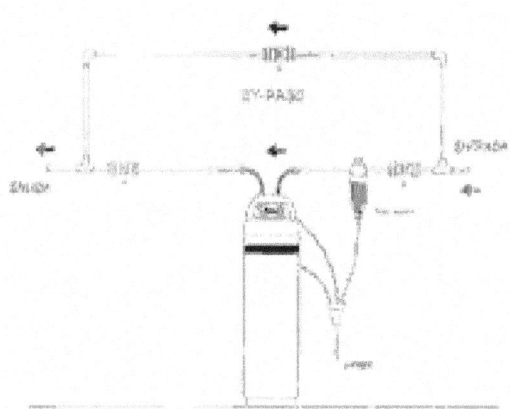

4. LEGIONELLA

La legionella es una bacteria que se reproduce en recintos siguientes:

- Lugares con agua estancada, o permanente.

- Temperatura entre 15 y 40° C.

- A partir de 50° C empieza a morir, y a 60° C desaparece.

Se transmite a las personas mediante inhalación de aire con gotas de agua contaminada.

Es decir, la bacteria se reproduce en depósitos con agua, tanques de torres de enfriamiento, fuentes públicas, etc. Si hay una corriente de aire en contacto con esa agua, como una ducha, aspersor, etc., las gotas o aerosoles transmiten la bacteria, que puede ser respirada por un animal, y penetrar en los pulmones.

La bacteria produce una infección pulmonar muy grave, que puede llegar a causar la muerte de la persona.

Debemos por tanto diseñar las instalaciones de agua teniendo en cuenta este peligro, y para ello se tomarán las medidas siguientes:

Instalaciones con riesgo:

- Instalaciones de agua caliente sanitaria. Depósitos, calderas, calentadores.

- Instalaciones de agua fría: redes, depósitos, aljibes, cisternas, pozos.

- Torres de refrigeración y condensadores evaporativos.

- Piscinas climatizadas, yakuzi, spa, hidromasajes, etc.

- Fuentes, aspersores de riego.

- Instalaciones contra incendios, Bies.

Medidas de precaución:

- La temperatura del agua fría ha de ser menor de 20° C, y la del agua caliente mayor de 50°C.

- Los depósitos de ACS se mantendrán a 60° C, elevándose periódicamente a 70° C (cada 2 meses).

- Evitar puntos finales en tuberías, en los que el agua quede parada largo tiempo. Deberemos poner grifos para una purga periódica.

- No realizar circuitos abiertos a la atmósfera, sustituirlos por circuitos cerrados sin contacto con el aire.

- Desinfecciones periódicas con cloro de los elementos de riesgo. Desmontaje, desinfección y montaje realizado por empresas especializadas.

5. NORMAS DE SEGURIDAD EN EL MONTAJE Y MANTENIMIENTO

En montaje de instalaciones de agua presenta los riesgos siguientes:

5.1. Instalaciones exteriores

Zanjas y Pozos:

- Caídas de objetos.

- Caídas de personas al caminar por las proximidades de un pozo.

- Derrumbamiento de las paredes de la zanja o pozo.

- Interferencias con conducciones subterráneas.

- Inundación.

- Electrocución.

- Asfixia.

- Caída de personas al interior de la zanja o pozo.

- Atrapamiento de personas mediante maquinaria.

Medidas preventivas para la excavación de zanjas:

- El acceso y salida de una zanja se efectuará mediante una escalera sólida, anclada en el borde superior de la zanja y estará apoyada sobre una superficie sólida de reparto de cargas. La escalera sobrepasará en 1 m., el borde de la zanja.

- Quedan prohibidos los acopios (tierras, materiales, etc.) a una distancia inferior a 2 m. (como norma general) del borde de una zanja.

- Cuando la profundidad y el tipo de terreno de una zanja lo requiera, se adoptarán las medidas adecuadas para evitar desprendimientos.

- Cuando la profundidad de una zanja sea igual o superior a los 2 m. se protegerán los bordes de coronación mediante barandillas situadas a una distancia mínima de 2 m. del borde.

- Cuando la profundidad de una zanja sea inferior a los 2 m. puede instalarse una señalización de peligro.

- Si los trabajos requieren iluminación portátil, la alimentación de las lámparas se efectuará a 24 v. Los portátiles estarán provistos de rejilla protectora y de carcasa-mango aislados eléctricamente.

- En régimen de lluvias y encharcamiento de las zanjas, es imprescindible la revisión de las paredes antes de reanudar los trabajos.

- Se revisará el estado de taludes a intervalos regulares en aquellos casos en los que puedan recibir empujes dinámicos por proximidad de (caminos, carreteras, calles, etc.), transitados por vehículos; y en especial si en la proximidad se establecen tajos con uso de martillos neumáticos, compactaciones por vibración o paso de maquinaria para el movimiento de tierras.

- Se efectuará el achique inmediato de las aguas que afloran (o caen) en el interior de las zanjas para evitar que se altere la estabilidad de los taludes.

Conducciones de agua:

Cuando haya que realizar trabajos sobre conducciones de agua, tanto de abastecimiento como de saneamiento, se tomarán medidas que eviten que, accidentalmente, se dañen estas tuberías y, en consecuencia, se suprima el servicio.

- Identificación.

En caso de no ser facilitados por la Dirección Facultativa planos de los servicios afectados, se solicitarán a los Organismos encargados, a fin de poder conocer exactamente el trazado y profundidad de la conducción (se dispondrá, en lugar visible, teléfono y dirección de estos Organismos.).

- Señalización.

Una vez localizada la tubería, se procederá a señalizarla, marcando con piquetas su dirección y profundidad.

- Recomendaciones en ejecución.

Es aconsejable no realizar excavaciones con máquinas a distancias inferiores a 0,50 m. de la tubería en servicio. Por debajo de esta cota se utilizará la pala manual.

Una vez descubierta la tubería, en caso de que la profundidad de la excavación sea superior a la situación de la conducción, se suspenderá o apuntalará, a fin de que no rompa por flexión en tramos de excesiva longitud, se protegerá y señalizará convenientemente, para evitar que sea dañada por maquinaria, herramientas, etc.

Se instalarán sistemas de iluminación a base de balizas, hitos reflectantes, etc., cuando el caso lo requiera.

Está totalmente prohibido manipular válvulas o cualquier otro elemento de la conducción en servicio, si no es con la autorización de la Compañía Instaladora.

No almacenar ningún tipo de material sobre la conducción.

Está prohibido utilizar las conducciones como puntos de apoyo para suspender o levantar cargas.

- Actuación en caso de rotura o fuga en la canalización.

Comunicar inmediatamente con la Compañía instaladora y paralizar los trabajos hasta que la conducción haya sido reparada.

5.2. Instalaciones interiores

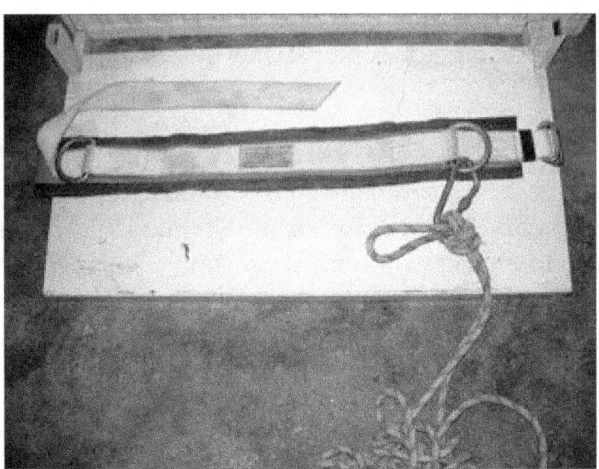

Protecciones personales

Riesgos:

- Caídas al mimo nivel, tropiezos con materiales.
- Caídas a distinto nivel, desde escaleras, andamios, plantas.
- Cortes y atrapamientos con máquinas manuales.
- Quemaduras por equipos de soldadura.
- Sobreesfuerzos en montaje de maquinaria.
- Electrocuciones.
- Explosiones.

Medidas de seguridad:

- Utilizar herramientas y equipos adecuados. Escaleras, andamios, plataformas.
- Utilizar material de protección personal, casco, guantes, gafas, monos.
- Utilizar elementos de sujeción de seguridad: arneses, cinturones, cuerdas de vida.
- Revisar el estado de las herramientas y maquinarias a utilizar.
- Señalizar la zona y los elementos de trabajo.

RESUMEN

Las tuberías de abastecimiento discurren normalmente enterradas, por calles, o terrenos rústicos. El enterrar tuberías tiene ventajas.

La instalación de tuberías enterradas conlleva el proceso siguiente:

Apertura de la zanja: se realiza normalmente a máquina. Instalación de tubos. Tapado de la zanja.

En los cambios de dirección y llaves se realizan recalces para sujetar la tubería.

Las arquetas se realizan una vez tendida la tubería, sobre las llaves o accesorios de la misma.

Al montar los tubos, en los puntos donde van accesorios tales como llaves de corte, ventosas, contadores, reductoras de presión, etc., no se cierra la zanja, y se realiza una arqueta que permita a un operario entrar a maniobrar dicho elemento.

Instalaciones interiores: el proceso de montaje de instalaciones interiores es el siguiente:

Estudio de los planos de obra. Replanteo. Marcado. Tendidos de tuberías. Pruebas.

Al final de la instalación ser realizarán pruebas por tramos. Para proceder a la prueba, deberán colocarse tapones en todas las salidas de agua. Se bombeará y se irá purgando el aire aflojando los tapones, hasta que salga sólo agua por todos. Se subirá la presión a 20 bar, y se comprobará que la presión no desciende en 30 minutos.

Las principales averías en las instalaciones de agua son: falta de caudal, fugas, roturas, ruidos y olores.

Con el tiempo, las conducciones y accesorios de agua pueden sufrir corrosión y calcificación.

MANUAL de INSTALACIONES de AGUA

Proyectos, cálculos y diseños

Miguel D'Addario

Comunidad Europea
2016

www.ingramcontent.com/pod-product-compliance
Lightning Source LLC
Chambersburg PA
CBHW080655190526
45169CB00006B/2132